的光影，使得我需要不断调整角度，才能看清里面的安迪。尽管感觉还不是很适应，但我真不知道，是不是应该感谢这种物理隔绝的见面方式。因为，以安迪的为人和性格，若是我们面对面的话，他是绝对不会这样放纵自己的。他的泪水、他的哭声、他的悲伤，通过电流传递给我，让我看到了一个真实的安迪。

最初帮教，监管比较人性，又能面对面地交流，因此，我每次去衣兜里都会揣上几包好烟，趁空时偷偷递给他，警官即便看见一般都会默许。而今电话接见，烟不能带了，更不能抽了，抑或说话有些费力，或是这样的见面方式让安迪完全无法施展肢体与语言交融的表达技能。总而言之，安迪的话变得既慢又少，讲述甘地夫人的事花了他大部分时间。在这次帮教快要结束时，安迪告诉我，甘地夫人的孩子是只母猫，他给它取了个名字，叫作苔丝。

“《德伯家的苔丝》？这是哈代的名著，我们在英国可都读过，怎么会想到取这个名字？”我刚说完，电话里就传来嘟嘟的声音。安迪紧握话筒，忙说：“这是提示声，说明时间快要到了。”因来不及多说，安迪只简要解释了一下。他说，他后来又见到过这只小猫，是因为它忧郁的样子使他想到了苔丝，想到了影片中她幽寂怨哀的眼神。

A CALM WOMAN IS THE MOST ELEGANT

淡定的女人最优雅

陈曲　编著

吉林文史出版社
JILINWENSHICHUBANSHE

图书在版编目(CIP)数据

淡定的女人最优雅 / 陈曲编著 . -- 长春: 吉林文史出版社，2019.7

ISBN 978-7-5472-6272-6

Ⅰ. ①淡… Ⅱ. ①陈… Ⅲ. ①女性-人生哲学-通俗读物 Ⅳ. ① B821-49

中国版本图书馆 CIP 数据核字(2019)第 116537 号

DANDING DE NÜREN ZUI YOUYA

书　　名　淡定的女人最优雅

编　　著　陈　曲

责任编辑　高冰若

封面设计　末末美书

出版发行　吉林文史出版社

地　　址　长春市福祉大路 5788 号　　邮编: 130118

网　　址　www.jlws.com.cn

印　　刷　北京德富泰印务有限公司

开　　本　880mm × 1230mm　1/32

印　　张　6

字　　数　130 千

版　　次　2019 年 7 月第 1 版　2019 年 7 月第 1 次印刷

书　　号　ISBN 978-7-5472-6272-6

定　　价　35.00 元

PREFACE
前 言

到底什么样的女人最有“魅力”，这个问题看似简单，实际上有千种答案。这种“魅力”当然不仅仅是指容貌，美丽的容颜只会带来外在感官的愉悦，且会随着岁月的增长而褪色；性感的身材也不是，感情在激情过后慢慢会归于平淡。女人真正的魅力来自令人神魂颠倒的灵魂的香气，是高贵超脱的内在品格和淡定、从容的优雅气质。

女人的外在美是内在心灵的感性显现，是内心理念凝结出的底蕴和气质，通过言谈举止、音容笑貌等具体行为展现出来。人的心灵本是晶莹剔透的，其纯净的本质决定了自身容易受外在影响而沾染污渍。人们无法选择成长路上遇到的人和事，任由命运的安排去描绘我们品格模样的草稿。当我们习惯于自身的品位与价值，并理所当然地认为无论是世界对我们，还是我们对世界都应该是现在这个样子时，你会不会突然在某个瞬间蓦然梦醒，发现身边的一些美好未曾体验过、一些魅力未曾拥有过……

人的普遍价值取向总是如此相似，每个女人都希望自己是一个吸引人的、充满魅力的人，能够随心而动地体验生命的快乐，自由、飘逸地遨游于天地之间，给周围的人带去美的感受。当女人确信自己是被欣赏和被认可的时候，就仿佛是一朵花接受阳光的普照与雨露的恩泽，灵魂奇妙而欢快，浑身散发着清新而迷人的气息。

想要拥有这种迷人的特质，说难也不难，说易也不易。不难之处在于，淡定而优雅的气质不是通过学习而来的，它不需要苦苦思考，而只需要灵机一动；不易之处在于，正因为它无法用死记硬背的方式获得，所以就更需要一种感悟能力，甚至需要一点儿禀赋与灵性。

本书将大量案例直观、形象地展示给女性朋友，并辅以较深层次的内涵分析，帮助女性朋友感悟生命的本源价值，使女性朋友在成为优雅从容女人的路上更加顺利。

本书从塑造女人优雅本质的几个关键词入手，包括本色、独立、自信、心态、个性、品质等，继而深入地分析和探讨关于价值、品格、格调、观念、情绪与意志等概念，结合相关的生活案例进行演绎，试图为正在寻找生命的意义和生活的答案的女性朋友提供参考和启示。

本书在风格上侧重于理性与感性、科学性与实用性的结合，以现实中发生的实际案例作为基础，通过客观理性的分析与深层感性的解读来揭示事件的内在含义。从物质世界的利益纠葛上升到精神层面的纯粹感受；从实际视角的是非曲直升华为内在心灵的本源审视。从理性出发但最终回归感性与精神的家园，强调破除陈腐旧套，以探索和揭示心灵内在的本质与规律、探求生命最终的意义与价值为目标。

本书适合那些渴望塑造更加富有魅力的自己，对人生、对生命的意义仍抱有疑惑的女性朋友阅读。这些女性也许因为某些原因对事物产生了偏激的看法或想要随波逐流，而这本书中有能够开阔眼界、开阔思路的案例和与之相关的解读，帮助她们更早地跳出自身相对狭隘的圈子。就像这本书的标题——《淡定的女人最优雅》，它的出发点和初衷是为了辅助心灵的成长而绝非提供世俗成功的快捷途径。因此本书力图摒弃任何关于大道理说教的过时套路，而是以人为本，以生命的纯正价值为本，以宽容的人文关怀为基础。最后，愿天下的女人们都能够活出本色的精彩，品尝生命本真的快乐。

CONTENTS

目　录

A CALM WOMAN IS THE MOST ELEGANT

第一章

真我何其纯粹，显现本色优雅

优雅并非表面虚浮的形式，它是淡定心灵的直观显现，是女人从容心态的感官表达。它只有在心灵保有本初的原始形态时，才可能透出晶莹剔透的光芒，飘散悠远馥郁的气息。美好的心灵像一个花园，独立、自信、乐观、热情、善良和满足都是点缀其中的鲜艳花枝，让个体呈现玲珑而斑斓的立体美。

女人自有本色，无妨与众不同

海浪盲目地拍打着岸边，生命如花儿一般开了又谢，人若浮萍随岁月漂流，于稍纵即逝的瞬间展现那一方风华。尘归尘、土归土；人从自然中来，又终将回归自然，美的本质即主体的人与客体的自然交织融合的当下生命体验。而生命的本质，就是以“真”为根基，以“善”为向导，反过来复归于对美的追求的过程。

本真的个体是多么令人赏心惬意的存在啊，那是大自然精妙造化的原始形态，并被作为审美价值的普遍标准刻印在我们的心灵之上。因此，每当不加矫饰的、纯然的对象出现于我们面前，让内心凝神观照时，我们的心灵就会像在炎暑劳顿跋涉之后享受沁人心脾的甘泉那样神清气爽。

我穿过院子，刚一进门，一幕我从未领略过的最为动人的情景就映入了眼帘：有六个年岁不一的小孩子——两三岁的、十一二岁的——都围着一位模样娟秀、身量适中，身穿雅致白裙，上系粉红蝴蝶结的年轻女子。她手拿一块黑面包，依照孩子们的胃口分给他们不同大小的一块分量。她递给这些弟弟妹妹时的举手投足是那么充满关爱与体贴，小孩子们也自然地回应说：“谢谢！”她看到了我，说道：“请原谅，劳您远道而来。我刚才去换衣服，并且料理了一些出门前要办妥的事情，结果就忘了给弟弟妹妹们分晚餐。他们可是只肯吃我切的面包啊。”我魂不守舍地客套了几句，其实整个心灵都被她的音容笑貌、言行举止所占据和陶醉，直到她进屋去忙别的事，我才回过神来。

——歌德《少年维特之烦恼》

优雅的女人是充满魅力的，尤其对于具有审美品格的男人来讲，在他们眼中，本色的、淡定的女性就是优雅的化身；做女人本身即是令人羡慕的，她们有着男人们无法企及的优势，她们有优雅的资格、本钱、甚至有掌控优雅的权利。在曹雪芹的《红楼梦》里，与其说宝玉是书中的主角，不如说作者是用他来反衬大观园里的“群芳”，用他作为脉络和引线，用他的眼睛去观察和映射出女儿们优雅的身姿和不凡的内在。反过来，作为一个“污秽”的男性，贾宝玉也常常自惭形秽、顾影自怜。

“女儿是水做的骨肉，男人是泥做的骨肉，我见了女儿，便觉清爽，见了男子，便觉浊臭逼人。”

宝玉又将北静王所赠鹡鸰香串珍重取出来，转赠黛玉。黛玉说：“什么臭男人拿过的！我不要它。”遂掷而不取，宝玉只得收回。

“女孩儿未出嫁，是颗无价之宝珠；出了嫁，不知怎么就变出许多不好的毛病来，虽是颗珠子，却没有光彩宝色，是颗死珠了；再老了，更变得不是珠子，竟是死鱼眼睛了。”

——曹雪芹《红楼梦》

初到人间的时候，本色闪烁着晶莹剔透的光芒，它弥足珍贵，却是所有人与生俱来的，本没什么稀奇——男人们刚强而有气度，女人们优雅而又从容。可是，在社会流俗价值观的熏染和腐蚀下，人被虚妄的利欲和自利心驱使，人的内心价值标准也在悄然异化：

原本朴素的美被矫饰的虚伪占据风头，原本发自内心的纯真言谈，也为社会“主流”所不屑甚至耻笑。相比之下，保留本色反而成了特立独行之举，反而成了稀罕之物。

优雅的女人在面对人生起落时，总会从容接受，用精神力量来治愈内心受到的伤害。叶嘉莹被称为中国最后一个穿裙子的先生，这也是世人对她的风骨、修养和成就的尊称。她一生的经历了很多不幸，早年就失去父母的照顾，又历经了战火的涂炭，流离失所。好不容易拥有了自己家庭，准备开始迎接真正的生活，丈夫又锒铛入狱。她在多所大学同时任教以养活孩子，用瘦弱的肩膀扛起了整个家。没想到，被释放回家的丈夫因饱受折磨而变得心理扭曲，动不动就对她又打又骂。后来，她的大女儿和女婿也在车祸中丧生。而这一切，她都独自默默承受着。

她说自己很喜欢一句话：“君子谋道不谋食”。她认为人应该追求做人之道，而不是追求物质的丰裕。应放下对物质的、现实的利益追求。她也躬身笃行了自己的座右铭，没有沉浸在自身的愁苦中，反而在暮年把所有积蓄都捐赠了出去。这样的女人，保持着淡定的优雅、从容的本色，无论她经历过什么，都发出了如钻石般闪耀的光芒。

在大千世界里，形形色色的人来来往往、川流不息，恰恰给我们提供了最好的参照和对比。无论是走在路上、地铁上，还是在单位、学校中。那些眉目中闪烁清澈淡雅之神、行动间透露清新从容之风的女性，总是会像磁石一样，自然而然地向身边释放出无法阻挡的吸引力。无论是内心已被异化的追名逐利之徒；还是戴上面具的虚伪之人；抑或是理所当然地为自己社会化的“机智”沾沾自喜之人；或是那些符合“主流”标准的八面玲珑的“成功人士”，都会被那种亲切的气质所吸引，唤醒内心深处那份久违的对纯粹美的记忆。

保持本色不是为了取悦别人，恰恰相反，它是为了符合人的心灵关于真实美的原始标准，而对社会异化风气做出的一种反抗和拒绝；保留本色也不是盲目地做自己，而是需要时时地自我观照、自我反思，看是否还保留着那份本真美，是否在社会异变的驱动下还坚持着那份原始的美好。

和社会进行必要的接触和联系并不妨碍女人保留自己独善其身的淡定，“出淤泥而不染，濯清涟而不妖”，女性要敢于特立独行，做与众不同的人。此外，追求崇高而纯粹的境界并不意味着脱离现实、脱离社会；而是归于自然，归于本我，归于我们熟悉的来时路。

培养独立意识，设计本我名片

人心真怪：和他人疏离时会感到孤独，靠得太近时又会产生碰撞与压抑。他们总是小心翼翼地寻找那段合适的距离，将人与人之间的伤害最小化。独立，似乎更倾向于和他人距离的拉大，而这冰冷的“独立”二字又与女人温暖的本质不符。

女人是感性的，喜欢和他人一起分享内心的喜怒哀乐。有些女孩儿到了一定年龄，在对心仪的男子萌生爱意后，就会难捺不住内心感情的激荡，义无反顾地投入到一段感情中；当和爱人有了爱情的结晶，生下自己的骨肉后，又会将全身心的爱与情感都放在了孩子身上。

然而，女孩儿应该认识到，情感投入和情感依赖是两回事，融入群体和精神独立也要分开来看。人是群体生物，女人的纯真本性让她们更容易与人交往，更容易敞开心扉。但是，这并不妨碍女性独立而淡定的精神与意识形态的建构和维护。从某种意义上说，有自己思想的独立女性，犹如自带一张优雅的名片，头上顶着美丽的皇冠。

徐静蕾是现代女性追求个体独立的典型，她的独立不光体现在经济与物质上，更表现在她独立的思想与观念中。在商业化的电影市场中，她没有随波逐流地去迎合大众群体的流俗审美观念，她不愿意简单地做一个商业化的挣钱工具。她首先要求电影本身要具有审美价值和一定的社会意义，对于每部电影，她都精雕细琢，投入所有的精力。因此，这也让她的作品凝结了更加深刻的内涵与价值，随着时间的推移，历久而弥新。

对有独立思想的女性来说，个性既是她们推陈出新、丰富生活的能动基础；也是对抗现实不公，反抗偏见与压迫的有效武器。《红楼梦》中的具有独立意识的探春就是代表。探春大胆创新，在大观园创立了诗社，丰富姐妹们的思想和生活，并向“女子无才便是德”的森严框架发起挑战；又在抄检大观园时勇敢地向封建等级制度下的庶出偏见做出激烈反抗，令人读了不禁拍案叫绝，不由得生出佩服之心。

探春说道：“我的东西倒许你们搜阅，要想搜我的丫头，这却不能。我原比别人歹毒，凡丫头所有的东西我都知道，都在我这里收着，一针一线他们也没得收藏，要搜只来搜我。”

探春继续说，每一个字都清晰无比：“你们不依，只管去回太太，只说我违背了太太，该怎么处治，我自去领。你们别忙，自然连你们抄的日子有呢！你们今日早起不是议论甄家，自己家里好好的抄家，果然今日真抄了。咱们也渐渐地来了。可知这样大族人家，若从外头杀来，一时是杀不死的，这是古人曾说的'百足之虫，死而不僵'，必须先从家里自杀自灭起来，才能一败涂地！"

——曹雪芹《红楼梦》

在经济大潮的冲刷下，一说起独立，就是工作上自立、经济上独立。但是很多人没有发现：人生的价值是精神的升华。女人是社会人性化的排头兵，现代女性应积极破除迷信，摆脱僵化的思想，放飞自我。总之，只有人格与思想独立了，女人才能做到真正的独立。

艾敬在接受某媒体采访时曾这样描述自己的作品风格："热情、细腻、冷峻和我的个性比较相似。我喜欢微笑，而不会装酷，比较细心，比较在乎别人怎么想。婚姻当然会对我的生活产生影响，因为它使我产生新的认识视角。但是，艺术创作仍独立于婚姻之外，或者说，我从未失去那个真正的我。"在回答女权主义问题时，她说："我为女性身份而骄傲，但并不刻意放大它，我们需要彼此配合去取得某种平衡。"面对关于"女性艺术家"这一问题时，她说："女性艺术家往往是被低估的对象，但是，这并不是要求我去超越她们的理由。我只努力超越自己。"

新时代的女性独立不是远离男人，也不是发誓不生孩子（当然这也看个人选择），而是在精神和思想上独立，独立地选择自己的职业道路、终身伴侣。如果你选择成为一个家庭主妇，也不代表你不独立，因为如果这是自己主动选择的，而且在成为家庭主妇的日子里，你也没有失去个性，没有失去属于自己的空间和自由，谁又能说你不是独立的呢？

个体无从比拟，勿要妄自菲薄

你想要成为什么样的女孩儿？有些女孩儿说："我希望成为A小姐那样的，优雅大方。""邻居家的小姐姐好可爱，我希望自己变成她。"谈到自身，她们说："哦，我没什么可说的，不是最美丽的，也不是聪明的。"但你知道吗？每个女孩儿都有自己独特的美，你要去发现它。

常有人戏谑："投胎是门儿技术活。"有些女孩儿一出生就集万千宠爱于一身，父母、哥哥将其视为生命中最珍贵的人，在其还未成年时，我们就已经能想象出她繁花似锦的一生。而有些女孩儿一出生就注定是不幸的，年幼时不受父母的宠爱，长大后为拉扯不成器的弟弟而嫁给自己不喜欢的人。每个人的命运都是独一无二的，但是遗憾的是，上天似乎不太公平，对某些女孩儿格外严苛。那些遭遇不幸的女孩儿常常妄自菲薄，觉得自己是被上天遗弃的，是不值得被爱的。但我想告诉这些女孩儿，无论处于什么样的境遇中，你都有自己独特的价值，都能散发出属于自己的光。

东汉时期的文学家蔡琰生于名门，从小饱读诗书，对音乐也有极深的理解。在旁人看来，蔡琰应该可以衣食无忧，安享一生。可是，命运却偏偏和她开了一次又一次的玩笑。第一任丈夫早早离世，不久后，父亲死于战乱，她也被劫掠到了北方的匈奴部落，在蛮荒之地一待就是12年，受尽凌辱。后来曹操用重金将她赎回，本以为苦尽甘来，却被告知不能将与匈奴左贤王生的孩子一同带回。蔡琰只好忍痛和孩子告别。

回到家乡后，她嫁给了一个当地的官员，可不久丈夫又犯了罪。为了让丈夫能免于死刑，她不惜披着头发、光着脚地去求曹操。作为回报，她凭借记忆背诵了400多篇已经遗失了的古代书稿。在漂泊的岁月里，蔡琰一直没有将书本抛之脑后，著有《蔡文姬集》，还留下了一首声乐歌曲，在中国文化史中留下了浓墨重彩的一笔。

每个人都有自己独特的个性、独特的命运和独特的生命旅程。人和人之间本不存在比较与高下，没有既定标准，想比也无从比。因此，用社会庸俗的眼光，如经济、地位和社会背景等来衡量人，是多么荒谬的事情啊。女人应该自信地去做自己，不要无端贬低自己，保持自己的优雅和淡定。

晴雯却说：“呸，没见过世面的小蹄子！那是把好的给了人，挑剩下的才给你，你还充有脸呢。”秋纹刚说这是太太的恩典，晴雯就反驳：“要是我，我就不要。若是给别人剩下的给我，也罢了。一样这屋里的人，难道谁又比谁高贵些？把好的给她，剩下的才给我，我宁可不要，冲撞了太太，我也不受这口软气。”

——曹雪芹《红楼梦》

晴雯从小被卖到贾府，她身份低微，只能在宝玉丫鬟中排第三。但她却有着独特的个性，她思维敏捷，心灵手巧，敢做敢说，从不因为自己的身份而自觉低人一等。虽然她不具有传统意义上书香气韵的优雅，但她拥有独有的人格魅力。在面对诱惑和欺凌时，她总能淡定从容地做自己。虽然她的结局不好，但在读者心中还是留下了深刻的印象的。

在一次选美大赛上，众多佳丽在经过几轮的淘汰后，进入了最后一轮的决赛。一个身材不高，长相也一般的女孩儿吸引了评委注意。乍一看，她是在人群中最不起眼的那个，但是在台上，她的面容散发出一种熠熠生辉的光芒。人们纷纷把目光投向她，一直看着她。在众多的佳丽中，她丝毫没有怯懦，始终不卑不亢，落落大方、舒展自若地展示着自己，她以出色的表现征服了现场的评委，最后获得了季军。后来评委们在一起谈起这个女孩儿时说，这个女孩儿不是最漂亮的，身材也不是最好的，但是她浑身散发出的那种自信让她显得格外美。她就是著名模特索菲娅·罗兰。

自信是一种充满魅力的风姿，对于女人来说，它像发髻上的一束绚丽的花冠，让人魅力陡增。自信的女人优雅而从容，不管你的容貌是否靓丽，身姿是否绰约，自信都会点亮你的双眼，令它们晶莹透亮、充满光彩。自信让女人的外在形象从僵化的二维平面升格为立体的三维，更加生动。自信让女人变成具有灵性的仙子，从流俗的物质世界中摆脱出来，成为掌控自身信仰的女神。自信的女人不会用任何俗气的方式取悦男人，因为她坚信生活的精彩来源于自身。自信的女人不卑不亢，不与人攀比，也不与人纠缠，她们带着一颗平常心去面对一切未知和变化。这是一种看起来平凡，却让人不得不为之深深吸引的超凡魅力。它就像一朵默默散发暗香的花，不为任何人，却吸引所有人。

把人和人放在一起比较，本身就存在两个误区。一是比较本身是为了满足优越感，这是源于人性的劣根性，不知为何这在商业化的社会里被奉为金科玉律。殊不知资源是有限的，有成功必有失败，无论哪种结果，都不是用来和别人比较的。二是比较的方法根本无从设定，这世界没有定性，没有边界，也没有恒定的优劣标准，人的高下无关容貌、经济、背景，甚至无关学识、品格。每个人都是独一无二的，你的独特的风采，一颦一笑、一举一动都能够成为立于世界的资本。

当然，怡然自得并不是就要完全被动地面对生活、面对世界。无论是对未来有着什么样美好的期许，或是什么样热切的企盼，都应积极地按照适合自己的方法去慢慢接近。既然人与人之间无关比较，那么也就不用思考自己成功与否了，走在路上享受风景就好。欣赏自己的美吧！只要你愿意寻找，你就能发现独属于自己的风景。

保持积极态度，乐观千金不换

人生就是一场旅行，悲观的人常常担心那来自深海的巨兽的威胁；乐观的人总是遥望远方，寻找那若隐若现的灯塔之光带来的希望。

人生无常，人们常常感叹对命运的不由自主和对未来的不确定。在不确定的命运前，很多人会被渺茫的成功概率吓倒，从而退缩或停滞不前。然而聪明的女人在面对困难和逆境时却能跳出事情本身固定的格式来看问题，她们更加乐观和积极，这让她们拥有了一种优雅从容的气质。

近来上映的《流浪地球》引发了各界的热烈讨论。其中一个争论的焦点是：在地球面临毁灭关头的时候，是为拯救地球家园而放弃空间站上的"火种"，还是为了保证文明的延续而保留"火种"。撇开伦理价值观，前者充满了对希望的乐观态度和积极尝试；后者则表达了悲观的宿命论。的确，在面对成功率为0的时候，我们需要的不仅是勇气，而且是一种信念，一种对希望的信仰。在这里，结果似乎已经不重要了，或者说结果本身已不能决定一切，人对家园和希望的笃定信念，那种积极乐观的态度本身，才是最重要。

可是，每个人的境遇都不尽相同，面对的现实压力也不一样，难免在超过了自身承受能力的时候，就会出现悲观消极的情绪。但让我印象深刻的是，在《红楼梦》这本以悲观主义为基调的作品里，有一位性格鲜明的乐观主义女性：史湘云。史湘云和林黛玉的境遇很像，二人都是无父无母，可以说是同病相怜。史湘云的境遇甚至比黛玉的境遇还恶劣：表面上风光无限，实际上每天晚上都要做针线活儿，即便如此零花钱也远不够用。但她还反过来劝解黛玉不要忧郁自怜，要用自己的乐观感染这大观园中的其他人。

"你这么个明白人，怎么一时半刻的就不会体谅人情。我近来看着云丫头神情，在风里言风里语的听起来，那云丫头在家里竟一点儿做不得主。他们家嫌费用大，竟不用那些针线上的人，差不多的东西多是他们娘儿们动手。为什么这几次她来了，她和我说话儿，见没人在跟前，她就说家里累得很。我再问她两句家常过日子的话，她就连眼圈儿都红了，口里含含糊糊待说不说的。想其形景来，自然从小儿没爹娘的苦。我看着她，也不觉得伤起心来。"

“我和你是一样的人，但是我就不像你这么心窄。”

——曹雪芹《红楼梦》

乐观和优雅是“亲姐妹”，乐观让人能够放下现实的羁绊和心思，以平淡如水、优雅自如的态度待人接物。它不去考虑付出和得到是否成正比，不喜欢锱铢必较的算计，它是一种纯粹精神对希望的祈祷和期盼。

有一个漂亮的姑娘想要跳河自尽，被路过岸边的路人拦下。路人看这位女子年轻漂亮，不明白为什么偏偏要去寻死。这位姑娘说道：“我结婚三年了，可是我的丈夫有了情人，把我遗弃，孩子也得怪病死了。我的生命已经没有任何意义，不如一死了之。”路人听了，思考了一阵，问她道：“那三年之前，你是怎么生活的？”她答道：“那时候无忧无虑，什么烦恼都没有。”路人又问：“那时候你有老公和孩子吗？”她回道：“没有”。路人便说：“那你现在和三年前不是一模一样吗？为什么不重新回到无忧无虑的生活中去呢？”

姑娘听了终于解开了心结，明白了乐观不是要具体去做什么，而是要积极地把命运掌握在手中，把握自身。女人的优雅来自大道无为的乐观，而不是把寄托放在别人身上，也不是放在某事上面。

人生没有结果，世界也没有尽头，生命就是一场旅行，这道理每个人都懂，但很多人却一定要一个结果。如果带着这种看似积极，却又极为物质化的观念去生活，那么难免会在遇到困难和逆境时产生患得患失的心态。

乐观其实是最为简单而原始的人生态度，它承认人生不过一场梦，但我们还是积极地面对，也豁达地接受命运的无常。乐观是一种对待自己、对待生活的态度。乐观的女人本身就是美的，她们淡定而优雅，给周围的人送去阳光和希望，她们是美的使者、报喜的天使。女人们，放下一切让自己快乐吧！

热忱对待他人，树立美丽形象

光阴似箭，岁月如梭，时光匆匆地向前飞奔，永远不会回头。在这白驹过隙的短暂人生里，有的人选择消极懈怠，沉溺感官享受，有的人则积极生活，热情对待当下。亲爱的女孩儿，你愿不愿意在人生之旅中开出灿烂之花，展现自己的风采呢？

爱是热情的原初力量，对世界充满爱的人，也自然会散发出热情的火花。而女人，恰恰是热情最忠实的代言人。因为女性本身就是爱的使者，小时候对父母的爱，长大后对丈夫的爱，生育后对孩子的爱，都无不充满了深厚而诚挚的热情。

请告诉我母亲，我将很好地办妥她交代的事情，并尽早把消息告诉她。我已经同婶婶谈过了，发现她并非是我们在家里所描画的那种恶女人。她精神焕发，快人快语，心地善良。我告诉她，母亲对她压着那份遗产不分颇有意见。婶婶向我说明了她的理由、原因以及她准备交出全部遗产的条件，这还超出了我们所要求的呢……

——歌德《少年维特之烦恼》

只要我们稍稍留心观察一下身边，就会发现热情大方的女人走到哪里都会受到欢迎，因为她们可以带给周围的人愉悦。而冷漠的女人则正相反，她们不仅缺乏吸引力，还会因此错失很多人生机遇，阻塞自己发展的道路。一位做人力资源的朋友在谈到关于招聘的原则时，说即使是无关沟通管理方面的技术岗位，竞聘者如果缺乏令人愉快的热情品质，也是没有竞争力的，因为她会间接影响整个办公场所的气氛。一个冷漠的人，常常让其他同事也感受到一种压抑的气氛。反之，一个热情的人，会点燃沉闷的气氛，拨云见日，让阳光照进办公室。

女人的热情是令人无法抗拒的。心理学家对此有过专门的研究，因为热情是与个体内容紧密相连的，并会让他人据此产生联想，认为该个体具有相关的其他优秀品质。这就是一种所谓的光环效应，热情拥有一种独特的感染力，能从整体上提升一个人的魅力。《红楼梦》里的王熙凤就是一个热情而泼辣的女性，从一登场时就能看出她的性格。迎接林黛玉进贾府时，她就起到了非常好的烘托气氛的作用。先不说她有多少做戏的成分，就那种热闹的气氛就能够感染所有人，让大家感受到了诚挚的亲情之爱。

一语未了，只听后院中有人笑声，说："我来迟了，不曾迎接远客！"黛玉纳罕道："这些人个个皆敛声屏气，恭肃严整如此，这来者系谁，这样放诞无礼？"心下想时，只见一群媳妇丫鬟围拥着一个人从后房门进来。

黛玉忙赔笑见礼，以"嫂"呼之。这熙凤携着黛玉的手，上下细细打量了一会儿，仍送至贾母身边坐下，因笑道："天下真有这样标致的人物，我今儿才算见了！况且这通身的气派，竟不像老祖宗的外孙女儿，竟是个嫡亲的孙女，怨不得老祖宗天天口头心头一时不忘。只可怜我这妹妹这样命苦，怎么姑妈偏就去世了！"说着，便用帕拭泪。贾母笑道："我才好了，你倒来招我。你妹妹远路才来，身子又弱，也才劝住了，快再休提前话。”这熙凤听了，忙转悲为喜道：“正是呢！我一见了妹妹，一心都在她身上了，又是喜欢，又是伤心，竟忘记了老祖宗。该打，该打！”又忙携黛玉之手，问：“妹妹几岁了？可也上过学？现吃什么药？在这里不要想家，想要什么吃的、什么玩的，只管告诉我；丫头老婆们不好了，也只管告诉我。”一面又问婆子们：“林姑娘的行李东西可搬进来了？带了几个人来？你们赶早打扫两间下房，让她们去歇歇。”说话时，已摆了茶果上来。熙凤亲为捧茶捧果。

——曹雪芹《红楼梦》

每个人都容易对热情的女性产生好感，因为热情并不仅仅是一种外在形式，它更是直接体现了女性丰富而细腻的情感世界。热情的女人懂得如何欣赏周围的细小事物的美，懂得如何探索更多彩的人生。对待他人的时候，她们通常更加真诚，更加体贴和关爱别人的内心。

和热情的女人在一起是轻松惬意的，因为和她们相处可以畅意直言、直抒胸怀。冷艳的女人当然也有另一种美感，但却常常令人敬而远之，让人不敢靠近。

热情的女人有一种独特的力量，她们就像自带空气过滤网一样，把黑暗、负面的成分过滤掉，把清新、阳光的一面展现给大家。热情的女人有一种散发着光辉的生命力，总能在处于逆境、处于危机的时刻力挽狂澜、转危为安。这不是因为她们容易得到幸运女神的垂青，而主要是因为曾被热情感染的人们会投桃报李，会心甘情愿地去帮助曾经带给他们快乐的女人。

开朗直爽不是缺乏内在的表现，恰恰相反，她们非常清楚：你对别人的态度决定了别人对你的态度。热情的女人不会因为洒脱和外向而影响自身的淡定和优雅。相反，正是因为内心的平静与从容，才让她们更无所顾忌地去表达自己、接近他人。也正是心中坦然，让她们可以轻松地用真面目去面对一切，把自己最美丽的形象展现给世界。

女人本性善良，最是动人特质

对于人心是本善还是本恶，很多哲学家都进行了探讨和研究。虽然哲学家的看法多种多样，但至少有一点是清楚的，那就是大家都认可善意本身的价值。和一个善良的人在一起，会让人感觉如沐春风、如饮甘泉。

罗曼·罗兰说："善良是灵魂最美的音乐。"漂亮的女性不一定是善良的，而善良的女人一定给人以美的感觉。女人美丽的面容可能随着岁月的流逝而逐渐褪色，而善良的光环却是会随着时间的延续而越来越显现出光彩。

一位在深山支教的年轻女教师性格开朗而善良，她在山里工作，生活条件非常恶劣。但她没有怨言，只是觉得能够为孩子们尽点儿力就是快乐的。

有一次，女教师发现自己的钱包丢了，一个学习成绩非常好的小女孩儿最有嫌疑，因为只有女孩儿在那个时间进了她的办公室。但女教师没有立刻质问女孩儿，而是先试着了解女孩儿，原来，小女孩儿家境贫寒，父亲早已去世，只有患病的母亲勉强支撑着这个家。

女教师准备去小女孩儿的家里做家访，去之前买了很多东西，还买了给她妈妈治病的药品。看到女教师和礼物后，小女孩儿很感动，也很羞愧，便主动向老师承认了错误。女老师没有责怪她，而说："钱包就当是我送你的礼物，你要好好学习，以后有能力了再还我。现在，我们不要说出去，一起保守秘密就好。"若干年后，这位小女孩儿已经从医科大学毕业，成了一名医生。

一个学生问他的老师："人最需要拥有的是什么？"老师答道："善心！因为这两个字包含了人的一切。"善良的女人是具有包容心的，她可以宽容世界对她的恶意。善良的女人也可以自然地化解那些外界强加的不公，并报之以温暖的回馈，这都来自她心底的对一切事物的接受与感恩，来自对生命的尊重和对人生价值的理解。

林黛玉在贾府的日子虽然过得很舒适，但没有父母呵护的她，有时也难免会遭受一些委屈。但生活的不堪并没有削弱她内心的善良，她教身份卑微的小丫头学诗，还给她机会表现自己的才华。

香菱因笑道："我这一进来了，也得了空儿，好歹教给我作诗，就是我的造化了！"黛玉笑道："既要作诗，你就拜我作师。我虽不通，大略也还教得起你。"香菱笑道："果然这样，我就拜你作师。你可不许腻烦的。"黛玉道："什么难事，也值得去学！不过是起承转合，当中承转是两副对子，平声对仄声，虚的对实的，实的对虚的，若是果有了奇句，连平仄虚实不对都使得的。"

黛玉笑道："这话很是。我还有个主意，方才联句不够，莫若拣着联的少的人作红梅。"

——曹雪芹《红楼梦》

善良的女人对周围的人和事都有一种发自内心的美好愿望，即便是对那些和自己没关系的事情也都充满了良好的企盼，希望每个人都能得到好的结果，这是一种高层次的思想情操。在这样的女人面前，总容易让人产生高山仰止的倾慕之情，因为他的心已经被那看似平凡，却更超凡的精神所打动了。

假设有那么一天，你得知自己的生命仅仅剩下3天，那么你会选择在这3天里做些什么呢？三个女人一起讨论这个话题，第一个女人说："既然就剩下3天了，那就什么也不用考虑了。我会去尽力享受这3天的生活，尽量把所有的钱都花光，并且好好打扮自己，不让自己吃亏。"第二个女人说："我要去体验以前没有尝试过的事，去旅游、去潜泳、去欣赏名山大川。"第三个女人是个真正善良的人，她说："即使只有三天，我也希望周围的人能过得更好一些。我会把钱送给需要的人，并且像什么事情也没发生一样，好好地陪伴我亲人，走完生命旅程最后的这段路。"

善良的女人最能打动人，这种魅力不会因为时空的变换而发生改变，不会因为境遇的不同而发生变化。女人可以用外在形象吸引别人的目光，也可以用工作能力得到别人的认可，但善良可以让她得到他人心底的尊敬。我更愿意接受人性本善说，更愿意相信是社会环境腐蚀了人那颗纯洁、善良的心。

善良不是为了讨好别人，而是主动走进其他人的世界，主动和他们产生情感上的共鸣，尽自己的力量帮助他们。女人若能心存善念，那么则可以让枯木逢春、枯骨生肉，让周围都充满春意的盎然。

切忌追求完美，误入无尽旋涡

人生之不如意者十之八九。人很难在各个方面都表现得很出色。没有人有能力、有条件能够在所有领域都做到尽善尽美。相反，残缺反而能展现出一种独特的美，米洛斯的维纳斯雕塑没有手臂、舒伯特第八交响曲缺失一个乐章，但都成了千古流传的作品。

女人对待生活是感性的，也是认真的，她们在一丝不苟地应对生活的过程中，力图把每一个细节都尽力去完善，希望尽善尽美，这是对生命本身的尊重，本没什么错。可是，任何事情做得过分就会起反效果，这种强迫式的生活方式很可能让女人自己甚至周围的人都感到疲惫。

我曾听过这样一个传说：南方和北方各住着一位美人，她俩在听到对方很美的传闻后，都希望见识一下对方的美貌。终于，在一次机会下，两个美人终于聚到了一起。见到了对方的模样，两人都感叹不已，没想到世间还有这种美貌。北方的美人想："南方的这位姑娘身材丰满更有女人味，有一种独特的美。我也要让自己变得丰满，那样就可以更完美了。"来自南方的美人也在想："北方的美人身材苗条，我要是努力减肥，也能变得更完美。"

于是，她俩都开始改造自己。几年以后，她们又相聚了，可是这回，大家都不禁暗暗叹息这两个曾经光彩照人的姑娘，不仅没有变得更美，还失去了自身原有的魅力。

这两位可怜的姑娘都希望自己变得更加美好，本没有什么过错的地方，却因为矫枉过正而把自己弄得面目全非。在《红楼梦》里，薛宝钗是完美女性的典范，她在容貌、身段、知识、性格、为人及气量上，似乎都表现得完美无缺。可是，很多读者认为，薛宝钗的完美给人一种距离感，她的滴水不漏也让人颇感压力。也许，完美本身就是一种不完美。

黛玉叹道："你素日待人，固然是极好的，然我最是个多心的人，只当你心里藏奸。从前日你说看杂书不好，又劝我那些好话，竟大感激你。往日竟是我错了，实在误到如今。细细算来，我母亲去世得早，又无姊妹兄弟，我长了今年十五岁，竟没一个人像你前日的话教导我。怨不得云丫头说你好，我往日见她赞你，我还不受用，昨儿我亲自经过，才知道了。比如若是你说了那个，我再不轻放过你的；你竟不介意，反劝我那些话，可知我竟自误了。"

——曹雪芹《红楼梦》

完美只是一种固化的理想标准，如果人人都变得完美，成为千人一面，那么将失去自我独特的风格。淡定的女人能够平静地接受自己的不完美，甚至乐于展现自己的不完美，因为她更希望做自己。只有能够从容接受自身不完美的人，才有可能接受他人的不完美。

每到周末，北京的很多公园就都成了相亲角，很多家长为了儿女的终身大事，来到公园里为子女寻找合适的伴侣。其实，很多大龄青年不是没有合适的相亲对象，而是太过追求完美，对自己未来的另一半期许过高，陷入了理想主义的误区。

其中一对父母的女儿已经32岁了，是一位博士，但因为要求比较高，所以一直找不到合适的人选。她要求男方35岁以下，必须是北京本地的，在北京市区有房无贷，学历和自己差不多，工作是外企员工或公务员，月薪在2万元以上。此外，她还要求男方身高高于1.75米，不能带戴眼镜，脸上不能有痣，不能有络腮胡子。就这样一直拖了若干年，她的父母也每周往来于北京的各大公园相亲角。让二老头疼的是，他们的女儿并不合作，怎么都不愿意降低择偶标准，但符合她标准的适龄男青年又有多少呢？

大成若缺，根据老子的说法，世界上本就没有完美无缺的事物。我们应该学会怎样看待和接受不完美，而不是徒劳地追求它。然而，很多女人容易落入追求完美的旋涡里，甚至深陷其中而无法自拔。

欣然接受自己的不完美是女人淡定、从容和成熟的标志之一。优雅自信的女人甚至会把自己的不完美看成是自我发展的潜力，正因为不完美，才有继续进步的空间。总之，过于追求完美会让生活失去平衡，让你失去淡定和从容，让身边的人也深受其累。刻意地要求自己和别人的完美，不仅收效甚微，而且让生活也失去了它本身的意义。

展现自身魅力，玫瑰永不凋零

冰心说过："世界上若没有女人，这世界至少要失去十分之五的真、十分之六的善、十分之七的美。"真善美是女人带给这世界的礼物，女人让世界充满爱，充满阳光和美好。

玫瑰本身虽美，但容易凋零，一旦朝华过后，便失去了风采。而优雅的女人不同，容颜虽随时光褪色，但并不能遮掩内心真与善的光芒，那是永恒的美，是永不凋谢的玫瑰。

校园的花房里开出了许多美丽的玫瑰花，其中有一朵开得最大，红艳艳的花朵就像一张可爱的婴儿的笑脸——你肯定从来没见过这么大、这么美的花儿！全校的同学都非常惊讶，每天都有许多同学来看。这天早晨，又有许多同学来观赏玫瑰花。

他们一边看，一边赞不绝口。这时，来了一个大约四五岁的小女孩儿，她径直走向那朵最大的玫瑰花，摘了下来，拿在手中，向外走去。同学们惊讶极了，有的非常气愤，有的甚至想要上前拦住她。这时正在旁边散步的校长苏霍姆林斯基看到了，走过去，弯下腰，亲切地问小女孩儿："孩子，你摘这朵花去干什么呀？能告诉我吗？""奶奶病得很重。我告诉她学校里有这样一朵大玫瑰花，她有点儿不相信。我把花摘下来送给奶奶看，看后我再把它送回来。"小女孩害羞地说。

听了小女孩儿天真的回答，同学们不语了，校长的心颤动了。他牵着小女孩儿的手，从花房里又摘下了两朵大玫瑰花，对她说："这一朵是奖给你的——你是一个懂得爱的孩子，这一朵是奖给你妈妈的——感谢她养育了你这样的好孩子。"纯洁、善良、美好的心灵不正是一朵永不凋谢的玫瑰吗？

——苏霍姆林斯基《永不凋谢的玫瑰》

世上最美的两种东西就是玫瑰和女人。她们是世间最完美的搭档，甚至超过男女之间的爱情，会有女人说："男人是最不可靠的物种。”这话可能过激，但是从现实角度看也有一定道理。可是没有一个女人会拒绝玫瑰，捧着玫瑰走到女人的跟前，不用太多言语，女人就会和玫瑰一起绽放。

《飘》这部作品给我留下最深的印象是女主人公斯嘉丽在绝境里展现出的坚强和韧性。斯嘉丽是一个十分复杂的人物。斯嘉丽从小在父母的关怀下长大，她身上有爱尔兰人的豪放不羁——这一点源自她的父亲，也有从母亲那里学到的优雅的气质。她举止落落大方，像一团火一样耀眼。

战争打破了她宁静的生活，她的丈夫还未到前线就死去了，17岁的斯嘉丽成了寡妇。她本该将自己包裹在沉重的丧服中，可别忘了，她是勇敢又率真的斯嘉丽啊！在舞池中，身穿丧服的斯嘉丽和白瑞德翩翩起舞，美得耀眼。战争结束了，斯嘉丽的生活并没有归于平静。因为交不起附加税，她差点儿失去自己的庄园。她又结了婚，不过不久后又成了寡妇。后来，她和白瑞德走到了一起，可最终还是失去了对方。不过，无论发生什么，勇敢的斯嘉丽都会对自己说：“明天又是新的一天！”

玫瑰不仅美，也带着刺，有着独特的个性。探春在《红楼梦》中被称为“玫瑰花”，仆人们评价她虽然人见人爱，只是暗中带刺，不好惹。那些漂亮又有鲜明个性的女性，既像纯洁而有才情的白玫瑰，又像热情而奔放的红玫瑰。

“削肩细腰，长挑身材，鸭蛋脸儿，俊眼修眉，顾盼神飞，文采精华，见之忘俗。”

探春是有心的人……她向贾母赔笑道：“这事与太太何干？老太

太想一想，也有大伯子要收屋里的人，小婶子如何知道？”

探春素喜阔朗，这三间屋子并不曾隔断。当地放着一张花梨大理石大案，案上垒着各种名人法帖，并数十方宝砚，各色笔筒，笔海内插的笔如树林一般。那一边设着斗大的一个汝窑花囊，插着满满的一囊水晶球的白菊。西墙上当中挂着一大幅米襄阳《烟雨图》，左右挂着一副对联，乃是颜鲁公墨迹，其联云：烟霞闲骨格，泉石野生涯。案上设着大鼎。左边紫檀架上放着一个大官窑的大盘，盘内盛着数十个娇黄玲珑大佛手。右边洋漆架上悬着一个白玉比目磬，旁边挂着小槌。

——曹雪芹《红楼梦》

玫瑰有刺，可还是有不少人愿意将其捧在怀里。有独特魅力的女人并不温柔乖顺，但还是有很多人追求。为什么呢？就是因为她们身上的“刺”并不能掩盖属于自己独特的美。亲爱的女孩儿，你愿意做唾手可得但很快被人抛弃的无名花，还是永不凋谢的玫瑰花呢？

A CALM WOMAN IS THE MOST ELEGANT

第二章

淡雅莫若菊花，缔造生命虹影

淡然从容的女人不迎合、不谄媚，她们热爱平凡却美丽的生活。对于不公的命运，她们永远都从容地接受；对于自己想得到的东西，她们带着一颗淡然的心去追求，她们专注又努力，塑造了自我生命中的虹影。

甘当绿叶配角，彰显灵魂厚度

“果实的事业是尊贵的，花的事业是甜美的。但是，让我们做叶的事业吧，叶总是谦逊地、专心地垂着绿荫。”泰戈尔的这句名言让我们不禁对衬托红花的绿叶油然而生了钦佩之情，它用自身的平凡成全了别人的不平凡，心甘情愿地去滋养他人。

人人都想成为舞台中耀眼的主角，成为花丛中最引人注目的红花，但是没有人发现，那甘愿充当配角的绿叶也拥有独特的魅力。绿叶温柔地低下头，展现了一种淡定从容的气质。相比红花，我更佩服不骄不躁的绿叶。毫不夸张地说，正是因为有了绿叶，我们才能欣赏到更多的美。

希腊传说里有这样一个故事。有两个情同手足的姐妹，她们互相信任，每天做什么事情都要待在一起，彼此间也不存在任何的秘密。直到一次，她们居住的山村迎来了一位受伤的少年。妹妹救下了这个少年。少年在朦胧中只记得一双美丽的眼睛望着自己，让他可以坚强地支持下去。妹妹托付姐姐先照看少年，自己则去邻村找医生。少年醒了过来，误以为是眼前的姐姐救了自己。妹妹回来时，姐姐对妹妹说：“我爱上了那少年。”为了姐姐的幸福，妹妹隐藏了自己对少年的爱意。

后来，神灵来到山村，用全村人的性命逼少年现身。妹妹将少年迷晕，并将自己扮成少年的模样。最终，妹妹被神灵杀害。临死前，妹妹用最后一点儿游丝将少年脑海里的记忆抹掉，祈祷姐姐和少年在一起能够幸福。花神被感动了，把她漂浮着的灵魂融入她死去时候的那一片草地之中。不久，草地上开出了斑斑驳驳的白色花瓣，也就是满天星。所以，满天星的花语就是：清纯、关怀、思恋、配角、真爱以及纯洁的心灵。

逛花卉市场时，如果市场里没有足够的绿色衬托，而全是红色、粉色、玫红的花，那么不免让人觉得不舒服。缺少绿叶的衬托，红花的美就体现不出来了。每个人都有可能是红花，也有可能是绿叶，有时不能由我们决定。但是，红花和绿叶都不能离开对方。如果只有红花没有绿叶，就会给人俗气的感觉；如果只有绿叶没有红花，那么单调的绿色也会缺少美的感觉。所以，红花和绿叶，都各有各的作用。就像女性们也都在各个岗位上工作着，发挥着自己的作用，总有一天会绽放光彩。

一个人，扮演好一次配角是容易的，但次次都演好了配角，而且演出了水平、演出了境界，那就非常不容易了。吴孟达是当之无愧的黄金配角，他的人生并没有因为饰演配角而失去光彩，反而因为一个个配角而获得了成功。

吴孟达演出的大多是些社会底层的小人物。这些小人物也有大梦想，也渴望得到别人的尊重，也希望实现梦想，做出一番惊世骇俗的功绩。但这些人起点太低、障碍太多、资源太少、能力太弱，所以总是在社会的夹缝里生存。这些贴近底层百姓的角色，反而获得了观众的喜欢。所以，我们怎么能说绿叶是不重要的呢？

在《红楼梦》中，有一个人能够像一根引线贯穿全书，她表面上不问世事、宽容随和，而实际上她运筹帷幄，是掌控全局的黄金配角，这个人就是贾母。她通常是慈眉善目，但在面对某些事情的时候，她总能展现出一家主母的气质。比如，在维护丫鬟鸳鸯的时候的义正词严，在支持王熙凤主事身份时的旁敲侧击，在打击败坏行为时的坚决果断，都令人印象深刻。这些都彰显了她内在的人格美，使其拥有着独特的魅力。

“我通共剩了这么一个可靠的人，他们还要来算计！”

“你不认得她。她是我们这里有名的一个泼皮破落户儿，南省俗谓作‘辣子’，你只叫她‘凤辣子’就是了。”

“今日你们都在这里，都是经过妯娌姑嫂的，还有她这样想得到的没有？”

“我来了这么几年，留神看起来，二嫂子凭她怎么巧，再巧也巧不过老太太去。”

——曹雪芹《红楼梦》

甘为绿叶衬托红花的心境让女人的内在魅力大为显现，至少超越了普遍意义上的如热情、善良、温柔等美德。在这种心态下，女人已经彻底摆脱了庸俗的功利主义观念，将自已的灵魂升华到极高的层次。这时候的女人是最美的，也是最吸引人的，她们洗尽铅华始见金，褪去浮华归本真，彰显最耀眼的内在美。

女人脉脉含羞，默默委婉传情

“最是那一低头的温柔，像一朵水莲花不胜凉风的娇羞，道一声珍重，道一声珍重，那一声珍重里有甜蜜的忧愁。”女人有一种美叫羞涩，那犹抱琵琶半遮面的含蓄韵味，常常成为诗人心中徜徉不去的灵感。女人害羞的样子是最美的瞬间，不仅仅表现在表情或动作上，更主要是来自气质的含蓄表达。

羞涩就像是披于女人肩头的浪漫细纱，为她们增添了迷人的朦胧美。这种欲遮还羞的感觉，是一种未经刻意装饰的感情的自然流露。羞涩表面上看是一种胆小和退缩，好像带有不真实的感觉，事实上却恰恰反映了女性的真善美。羞涩的女性有一种高贵的矜持，显得朴素而纯真。

我邻居小梅去参加堂兄的婚礼，去之前她向我抱怨：“我一点儿也不愿意去。”我知道小梅对堂嫂不满意。她曾不止一次地抱怨：“堂兄仪表堂堂，尤其是那双眼睛漂亮极了，但堂嫂一点儿也不好看，皮肤不白，眉眼也不动人。”

回来后，小梅兴冲冲地和我说：“我终于发现堂嫂的美了！”看着我疑惑的表情，小梅说：“堂嫂穿着一件大红的布棉袄，脸上满是羞涩和幸福的红晕，礼貌地给长辈们挨个儿敬烟、献茶，眼睛低垂着，让我突然发现她的眼睫毛好长。总之，今天的堂嫂真的好美！我才发现，原来羞涩可以让女人如此美丽！”

害羞的女人充满了神秘的吸引力，容易让人对其产生怜爱之情。薛宝钗是《红楼梦》里完美女性的代表，一个人兼具了很多优秀的特质。但很多人认为，行为完美无缺的宝钗没有偶尔展露羞涩神情的宝钗迷人。

此刻忽见宝玉笑问道："宝姐姐，我瞧瞧你的红麝串子？"可巧宝钗左腕上笼着一串，见宝玉问她，少不得褪了下来。宝钗生的肌肤丰泽，容易褪不下来。宝玉在旁看着雪白一段酥臂，不觉动了羡慕之心，暗暗想道："这个膀子要长在林妹妹身上，或者还得摸一摸，偏生长在她身上。"正是恨没福得摸，忽然想起"金玉"一事来，再看看宝钗形容，只见脸若银盆，眼似水杏，唇不点而红，眉不画而翠，比林黛玉另具一种妩媚风流，不觉就呆了，宝钗褪了串子来递与他也忘了接。宝钗见他怔了，自己倒不好意思的，丢下串子，回身才要走，只见林黛玉蹬着门槛子，嘴里咬着手帕子笑呢。宝钗道："你又禁不得风吹，怎么又站在那风口里？"

——曹雪芹《红楼梦》

羞涩表现了女性的善良和真诚，是真善美的绝佳表达。羞涩的女性也很容易被人感动，因为她们的内心是敏感的。她们和世故的人形成鲜明的对比，后者阅尽人间百态、世态炎凉，内心已经变得冷漠而迟钝。而羞涩的女人就像一颗含羞草，微微触碰便立即羞怯地团起身子，那惹人怜爱的模样令人难以忘怀。

羞涩正慢慢变成一种稀缺资源。著名学者辜鸿铭曾提到当年在八大胡同卖艺的歌女，从她们身上可以看到中国女人的羞涩的美。林语堂对此点评说："这点说的一点儿也没有错。那些胡同里的歌女还会脸红，而现在的女大学生已经不会了。”在这个物欲横流的社会，羞涩已经渐渐淡出了它的历史舞台，在金钱面前失去了它的社会价值。人们关心的更多的是感官的享受，它取代了对内在精神的重视。

孟子说：“羞恶之心，义之端也。”人怀有羞耻之心，是躬行仁义的基础。羞涩是一种纯真感情的显露，是一种含蓄委婉的美。它也是女人高层次情怀的体现，是一种原初的、未经雕琢的美，是纯洁和高尚的。这种纯天然的特质在这个商业化横流的消费社会里显得越发弥足珍贵。

羞涩是女人的专有名词，那种含情脉脉的委婉姿态是女人抒发含蓄情感的一种绝佳的表达方式。羞涩往往缺少语言和动作，但潜在表达出的东西却胜过絮絮叨叨的千言万语，也强过刻意表达的海誓山盟。羞涩是女人最好的装饰，即使不化妆，也能展现出千娇百媚。

康德说：“羞怯是大自然的某种秘密，用来抑制放纵的欲望；它顺其自然地召唤，但永远同善、德和谐一致。”这里的“怯”有胆怯和拘谨的负面成分，但不影响女人整体带给人的感受。它事实上已经超越了现实的功能，它本身就是一道美丽的风景线，一个羞涩的女人本身就是一件绝美的艺术品，提升了整个世界的层次。

亲和胜似艳阳，普照他人心房

亲和是一种如阳光般温暖的气质，也像是火焰的魔法，它能融化一切冰冷与隔膜，让本来漠然的人与人之间的关系变得活跃和积极。那些看上去普通，但亲切而温和并且总是浅笑嫣然的姑娘，总让人们泛起爱的波澜。

这个世界上有这样一种可爱的女子，她们的照片看上去没有什么特别的，甚至有些婴儿肥，或者带点儿雀斑，五官也没什么吸引人的地方。可你走到她跟前的时候，却会在其亲和的言行举止之中感受到舒心惬意之情，竟然会长时间不忍离开。换言之，有的女子的美是静止模式的，而此类姑娘则更像是某种动态模式，生动而魅力非凡。因此，这类女性总是有着好人缘，不光是吸引男生，在同性中也非常受欢迎，甚至连小猫小狗都乐意围在她们身旁转悠。

大军刚到国外时，看着那一张张并不亲切的脸，听着那些不熟悉的外语，心中十分不安。在那段日子里，大军经常整夜地失眠。他戴着耳机听流行音乐，只为听到几句乡音。

有一次上课的时候，大军刚进到教室里坐下，一位华裔的女生就跑到他座位旁，低声地问他是不是身体不舒服，要不然脸色不会那么差。大军有些诧异，告诉那位女生并没什么不舒服，女生从自己口袋里掏出几粒糖，递给了大军，还说："我因为有些低血糖，所以常常带着一些糖的。你吃一颗吧，补补能量，就能觉得好一些了。"然后，她又对大军甜甜地笑了笑，就又跑回到了她自己座位上去了。那颗糖用透明的玻璃纸包着，在阳光下透出温柔的光芒，反射出无比的温暖之意。那位女同学到现在也不会知道，那天无意中对大军表达出的亲和的善意，让他的心头在异国他乡第一次感受到了温暖。

有时候人们不愿意面对的一个事实：这个社会常常表现出一种彻骨的冷漠和残酷，让人举步维艰。很多女性朋友跟我说，在生活中、工作中，自己常常出现一种难以言喻的孤独感。她们希望有人可以倾诉，希望他人给予自己善意和温柔。而还有一些女生告诉我，她们乐于关心身边缺乏暖意的人，愿意把自己的温暖带给他人，释放甜美的情愫去中和这世界的苦与涩。

很多人在看《嫌疑人 X 的献身》时，都会觉得这个故事不好理解。其中最令人匪夷所思的是，石神和靖子只是邻居，且只有一面之交而已，更没说过几句话，为何理性至极的石神会对靖子爱到不顾一切，甚至甘于献身为她顶罪呢？其实看石神形容靖子的那段话就能够明白了：“石神的身体仿佛猛然被某种东西贯穿。怎么会有眼睛如此美丽的母女？在那之前，他从未被任何东西的美丽吸引、感动过，也不了解艺术的意义。然而这一瞬间，他全都懂了，他发觉这和求解数学的美感在本质上乃是殊途同归。”那个阶段的石神正在被现实的残酷和无聊的精神折磨得痛苦万分，而靖子正好出现于那微妙的时刻。她身体里散发出的迷人的亲和力让他感觉到了一种有血有肉的温暖，为他的心灵重新注入了希望。

能够给予周围人亲和力的女性，本身是需要充满爱意和正能量的，因此，她们通常也都是在充满爱的氛围里长大的。换言之，一个姑娘如果从小就能够得到足够且健康的爱，那么她就会对这个世界生出一种源自本能的信任感和亲近感，而“亲和力”，就是这种感觉的外化。

有一个女孩儿在朋友圈里口碑特别好，她习惯于发自内心地、非常自然地去赞美和鼓励身边认识的每个人。而且，她这样做不带有任何目的。甚至在餐厅吃饭的时候，服务员因为太忙而拿错了菜单，她都会阳光地向对方莞尔一笑，非常温柔地说："没关系的，你服务得挺好的，我很满意，别太累了就好。"事实上，这个女孩的家庭和传统中国式的家庭不尽相同，她的家人之间经常直抒胸臆地表达对他人的赞赏。"从小到大，我身上的任何一点儿进步，我妈妈都会立刻察觉到，然后会不吝夸奖之词，被她夸的时候我都感觉非常开心和愉悦。所以我也就会自然地容易对别人发出赞美，因为我知道他们会因此而开心。"

在感情生活里，许多姑娘不知道怎样拿捏和追求者相处的分寸，太快接受怕给人轻浮之感，太慢了又让对方疏离。有的姑娘也知道主动能够让自己把握住命运，但是因为太羞涩，所以常常不会主动出击。一般来说，如果真的很为难，那么至少向男生表达出你的亲和力，让他有和你继续接触的信心。因为很多男生对感情也是胆怯的，他们也需要得到鼓励。

有亲和力的女人都怀有一种坚定的自信，她们相信自己值得受人所爱，自己也愿意反过来把爱呈献给周围的人，去温暖他人的心房。在伴侣关系中，她们也很少会去猜疑，也不会索取无度到让人无法承受。和有亲和力的女性接触，会特别放松和惬意，会感觉自身被包容，因而产生更多精神依赖感。

塑造鲜明品格，尽显神秘气质

我们身边有各种各样的女孩儿，有的容貌可人，有的身姿妖娆，有的皮肤娇嫩，有的长发迷人。但是，亲爱的女孩儿，你发现了吗？能给我们留下深刻印象的，是那些具有不凡气质的女性。

五官的美是具体的，能带给人美的享受，但它容易随着时光流逝而逐渐淡去原本光鲜的色彩。我身边的一些容貌出众的姑娘，虽然花枝招展，吸引人的眼球，可我总感觉她们的美很难震撼内心。她们身上到底少了什么呢？我想应该是气质吧。

女人可以用她身上独特的气质来震慑人的心魄。而拥有其与生俱来的本色，则是女人最佳的气质。中国有着深厚的文化传承，也从不缺乏气质出众的女人。她们身上的十足魅力可以让她们在各个领域从容腾挪，其影响力甚至会超过很多有能力的男人。她们淡定而独立，温婉而果断，优雅而多才。

章启月是中国外交部第三位女性发言人，她拥有自己独特风格的装饰：丝巾或者各色的衬衣以及相匹配的精致套装、独特考究的发型和得体的妆容，让口红的颜色永远和领口色调保持一致等。她思维敏捷、谨慎从容，在压力面前始终泰然处之，彰显了生活与品位，向世界展现了中国女性的风采。她精通多国语言，受到很多国家记者的认可和倾慕，并被称为“北京美人”。她回答记者提问时不慌不忙，沉重冷静、从不拖沓，还进退自如、回避有方。她代表着中国，向世界传达着自信沉稳的新气象。

来自气质的美与其说是源自内心的修养，不如说是一种对美的理解和欣赏力，这种欣赏力就可以使一个人的言谈举止、音容笑貌显现出不凡的特征。而对这种审美能力的培养，就离不开持续的学习和读书，来提升自我的内在涵养，提升整体的人文层次。在和女性朋友聊天时，在意的往往不是她的长相让我赏心惬意，而是她说出来的内容让我刮目相看。

有气质的女性都有一个共同的特点，那就是在其骨子里都是充满自信的。这不是一种傲气或骄纵，而是对自身的发现和肯定，因为她知道自己有着别人所不具有的独特的美。

在奥黛丽·赫本生活的时代，丰满的女人独具吸引力，是社会的主流审美标准。而赫本正好反过来，她清瘦、平胸，并不符合当时的普遍审美。但是，她没有自惭形秽，她有着十足的自信。在人群中，她的清新与自然之风隐隐展现了一种独特的气质。瘦削的身段虽显得渺小，却反射出不平凡的光，其彰显的独特气质一下子就可以吸引住大家的目光。她的这种与生俱来的自信确实是来自内在的，因为她明确自身的优势，所以走出了属于自己的路。

就像赫本一样，每个女人都有独特的气质特征。气质是多种多样的，有的活泼而大气，有的清新而灵动，也有的内敛而稳重，不限定于某一种类型。不走寻常路，按照自身的特征来绽放自我的专属气质，追求自我生命的独特体验。同时，扬长也别忘了避短，别忘了合理遮掩自己的缺陷。

女人的气质是内心修养和外部行为的集合，它并不能靠理性的学习而得来，而是需要靠长期的培养，在潜移默化中慢慢形成的。首先要尽量多懂得一些知识，多看书是最直接、最有效的方式。有人说大学里学不到谋生的技能，实际上大学是一个能让人总体提升的环境，上学时看的书、接触的人都会对个人气质有很大影响。

因此，选择和不同类型的人交往也很关键。多和有气质的人接触，自己也会自然而然地得到改变。除了人，整体的环境对塑造人也是很有帮助的。好的环境可以带给自身好的心境和心态，有助于品格的塑造。但是培养和塑造并不代表就要全面接受新的风格，女人先天的特征和魅力是基础，要在这个基础上选择适合自己发展的路线去有目的地培养。同时，真诚、善良、热情等良好品格都能极大地增强你带给别人的整体气质感受。

在说到气质女性的时候，我们从来都不会忘记杨绛先生。这位被丈夫称赞为“最贤的妻，最才的女”的女子，曾这样形容自己：“我和谁都不争、和谁争我都不屑，我双手烤着生命之火取暖。”

杨绛先生的家庭生活安乐而和美，但是遗憾的是，女儿和丈夫都先她一步离开了人世。对于这样的遭遇，杨绛说：“锺书逃走了，我也想逃走，但是逃到哪里去呢？我不能逃，得留在人世间，打扫现场，尽我应尽的责任。”杨绛没有一直沉寂在悲伤的情绪中，在独居的日子里，她整理丈夫的学术遗物，笔耕不辍。

有气质的女性就算把自己裹得严严实实的，也能展现出一种独特的魅力。那是一种超脱于众人的、有灵性的外在表现，由内在的、热诚的心灵迸发出来，展现出遮掩不住的光辉。

礼仪看似是一种形式化的行为，但实际上是一个民族的文化积淀的产物。有气质的女性明白礼仪的重要价值，知道如何体贴和关心别人。这些女人平易近人，尊重每一个人，不看对方的身份与职位。

容颜易老，而气质可以永存。女性的气质就像是一块儿充满吸引力的闪闪发光的钻石，令人炫目和向往。气质是由内而外的，只有自身心灵高尚才能显现出高贵的气质。

气定神闲地活，淡然有如菊花

人在旅途，我们每个人都希望自己的人生可以顺利，希望脚下的道路笔直平坦，但是生活本就难以一帆风顺。人生在世，又有多少事情能够按照我们的初衷去发展。所以，亲爱的女孩儿，在对待这些事情时，你可以再心平气和一些。

有思想的女人不会勉强自己做什么，不会为了争名逐利而勉强接受什么。她不会去为难自己，对于那些已经过去的不愉快，不会反复琢磨，让自我陷入一种苦闷的境地。如果细细考察生命的本质，我们不难发现，人生无常，任何快乐都无法长久。所以，不如把所有的不愉快抛在脑后，一心一意地体会当下。

有一次周末，我和几个朋友一起聚会。一个朋友说："我就因为脾气好，总是容易被人欺负，'人善被人欺'这句话果然不错呢。"另一个说："确实如此！我也是大家公认的老实人，可同事偏偏就拿我这个特点做文章，把自己分内的事推到我身上。"一个人开始说起自己被老板无缘无故批评的事，另一个人又开始讲述被同事排挤的苦闷。大家你一言我一语地抱怨，总结出来就是：我本善良，可未被善待。

虽然我们经常被外界事物所影响，但我们也有选择从容过滤烦恼的主动权，把烦心事不放在心上。案例中的这些烦恼，虽然是由他人挑起争端而造成的，但我们仍旧可以选择不动心。能协调就协调，不能协调就干脆拒绝，不要因他人的恶意而生出情绪。我们的人生时光是有限的，不应该让它就这么浪费在无端的仇恨里，别跟自己过不去。

吴越是地地道道的上海姑娘。乍一看她长相素净，并不惊艳，但仔细再看，就有种人淡如菊的气质，让人感觉温暖、舒服。她演得了清丽玉女、军旅记者，也扮得来知性高管和心理医生，吴越不断挖掘自己的演戏潜力，也因此征服了越来越多的观众，从科班新生代蜕变成了屏幕老戏骨。

对于做明星还是做演员，吴越看得很清楚。对于维持曝光度、红不红这件事，她表现得特别不在乎。她很早就明白，生活从来不是你想要的就会给你。所以她安静地做好演员的本分，不为流量而炒作，不随波逐流。虽然演技屡受好评，但她从不膨胀。虽然她没有万丈光芒的耀眼，却有十足自信的底气。年龄是女人美丽的天敌，但吴越更相信内心反映了人的容貌。她不在乎眼角的细纹和眉角的皱纹，她在乎的是经历岁月磨炼仍能回归平淡生活，并用心享受其中。

我希望女人能学会心平气和地看待现在每一个艰难的时刻，因为越是苦难，才越能磨炼女人的意志；越是艰难，女人才越能体会到成功的不易。亲爱的女孩儿，你要学会心平气和地接受生活给你的难题，然后努力去解决，而不是一味地抱怨或随随便便放弃。希望你明白，努力的当下会成就美好的未来。我希望女人时刻提醒自己，既然任何事情有顺利的一面，那就肯定也有困难的一面。学会心平气和地对待每一个努力过后的结果，不论成功还是失败，你都已经成功了。

色彩也可以让人心平气和。当你处于负面情绪的叨扰中时，可以运用色彩来调节心情，也许能快速地让自己跳出情绪的怪圈。

蓝色象征着广阔的大海和无际的天空，会让人产生超脱、忘我的感觉。在工作环境和家庭中放一些蓝色调的东西，能够帮助人安抚焦虑，改善心情。

紫色带给人安全感，可以帮助女人平衡内心的波澜，使心灵得到放松。而怀孕的妇女，还可以借它来预防产前抑郁。

粉色是一种浪漫清新的颜色，它能有效地减少肾上腺分泌，让人快速地平复情绪。常出现孤独感和压抑感的女人可以在家里放一些粉色调的用品。

“人淡如菊”，指一种平静而从容、不走极端的平和心态。为什么要提到菊花呢？因为菊花有着“宁可抱香枝上老，不随黄叶舞秋风”的品质，而不会有“我花开后百花杀”的凌然之气。像菊花一样的女人能够在物欲横流、灯红酒绿的世界里抵抗住利欲的诱惑，最终回归本真。

“人淡如菊”是一种安然、不自负、不傲慢的平和心境。女人在经历了人世沉浮和沧海桑田的变化后，心灵已经被镌刻得充满了质感，这种质感少了些绚烂，但是多了一种朴实的美。这样的女人不再怀有不切实际的幻想，她们淡然而并不肤浅，理性而不盲从。

我们之所以活得痛苦和纠结，其实多半是自己给自己设置了限制。一个女人，一定要有信心和勇气去处理一切，心平气和地面对一切，能根据环境的改变和事物的发展，不断调整好自己的心态，把自己的生活过得简单而快乐。优雅淡定的女人不会计较太多得失，而是会心平气和地面对一切。

与书结为密友，滋养内在灵魂

在现实生活中，有这样一种女人，她们虽然素面淡妆，却像凉风一样宜人、像鲜花一样绚丽。她们是如何做到的呢？答案是读书。小小的书本，字里行间沉淀着文化知识。作为一名新时代的女性，我们要知道，内外兼修才是美的统一，才是极致的美。

喜爱看书，对女人来说是一件非常值得赞美的事情。从古至今，喜欢看书的女子更容易得到他人的尊重。虽然在古代的时候，喜欢看书的女子非常少，但也出现了李清照等女词人，她们因自身的才华而青史留名。喜欢读书的女人，身上都会自带一种卓尔不群的气质。

我总记得这个场景。在一个夕阳西下、细雨蒙蒙的傍晚，我漫步在城市的文化广场上，任雨水洒落在脸上，静静地享受着工作之余的这份放松与快乐。周围芳草萋萋、空气清新，满满的绿意令人心旷神怡。

正当我沉浸在这美好的场景中时，一位长发飘飘、身穿白色连衣裙的高个子美女闯入了我的视线。她怀抱一本书，打着一把小花伞，从不远处的图书馆里走了出来，用手梳理了下被微风吹乱的秀发，迈着轻盈的脚步缓缓地走远。望着她优雅的气质和渐渐远去的背影，好像出现了一幅“女人与书”的美丽梦境的画面，激起了我心中无限的遐想和涟漪。

一个女人拥有姣好的容貌，不能被称之为有魅力。我认为，只有内敛、智慧、坚韧、自立、自信的女性，才可被称之为有魅力的女人。

著名作家罗曼·罗兰说过一句话：“和书籍生活在一起，你永远不会叹息。”书是人类的精神食粮，有许多生活的智慧和哲理都蕴藏于其中。一本好书，就像是一个最好的朋友，少小所习，老大不忘。它是心灵永恒的慰藉，可以净化人的灵魂，与书为伴，历久弥香，可以浸润我们内在的气质，从中不断获得人生的启迪。爱读书的女人就像一本好书，耐人寻味。有些女人也通过书籍，成功地从生命中的种种困境中走了过来。

上官文露就是通过读书而从生活的阴影中走出来的女人。她在毕业后如愿进入北京电视台工作，可工作强度很大，和收入也不成正比。后来，她和丈夫的婚姻出现了问题，最终宣告分手。在低谷中，她也开始怀疑自己的能力，甚至会整夜整夜地失眠。父亲很担心女儿的低迷状态，便经常拉着她到图书馆看书，刚开始她还因为浮躁的心绪看不进去。但慢慢地，她逐渐被书籍吸引了。尤其是在静谧的夜晚，书里的内容变得格外动人。后来她不仅从生活的阴影中走了出来，还开始将好书介绍给更多的人，她在事业上也取得了长足的进步。

在现实社会中本就从事着日复一日的枯燥工作，所以我们更不能放弃对知识的追求。聪明的女人，能够在前行的人生旅途中，与朴实无华的书籍同行。

林黛玉把花具且都放下，接书来瞧，从头看去，越看越爱看，不到一顿饭工夫，将十六出俱已看完，自觉辞藻警人，余香满口。虽看完了书，却只管出神，心内还默默记诵。

刘姥姥因见窗下案上设着笔砚，又见书架上垒着满满的书，刘姥姥道："这必定是那位哥儿的书房了。"贾母笑指黛玉道："这是我这外孙女儿的屋子。"刘姥姥留神打量了黛玉一番，方笑道："这哪像个小姐的绣房，竟比那上等的书房还好。"

——曹雪芹《红楼梦》

俗话说，"人如其所读"。不同性格的女性通常会选择不同类型的书去读，从而也就反过来造就了不同特征和气质的女性。然而，无论哪种书籍、哪种风格、哪种特质，都会给女人平添一种魅力。会让女人思维更加敏捷、气质更加高贵，并塑造出内心独自的精神境界。在书籍的世界里，女人的品格与智慧，性情与思想，都会通过文字的熏陶以及文化的滋养得到进一步的打磨和完善。

作为一个现代女性，一个期待精彩人生的女性，我们不仅要用欣赏的眼光看世界，更要用追求进步的态度看人生。只有努力改变自己的生活方式，经常与书为伴，用心阅读，做勤劳智慧的女性，以书香浸润人生和家庭，与书籍做朋友，才能保持乐观向上的心态，才能让内在灵魂得到滋养，焕发出与众不同的那份女性的魅力与光彩。

A CALM WOMAN IS THE MOST ELEGANT

第三章

汇聚厚重底蕴，凝结不凡气质

女人想要塑造自己卓尔不凡的气质，就要从滋养自己的内心世界开始。通过阅读书籍，品味生命，用心去感受生活、感受大自然。打造不同寻常的如兰气质，不似凡间品。

任她花枝招展，不及优雅谈吐

黑格尔认为："美是理念的感性显现。"就是说美的本质在于心灵的属性，也是美的内容和基础，而显现在人的感官上的美只是内容的表现形式。也就是说，内容决定形式，心灵的美决定外在的美。

爱美之心人皆有之，女人总是希望在别人面前呈现最完美的自我，用最精心的打扮让自我展现出最为靓丽的风采。然而，花枝招展的外表虽可以吸引别人的眼球，却远不如优雅自然的谈吐那样可以触动人的内心。那是因为语言就是灵魂的外在显现，是思想的外在表达，是把美丽优雅的心灵鲜明呈现的手段。既然语言表现的是内在，那么内在的深度何来呢？读书则是最直接而简单的一个提升内在层次的手段。

著名主持人董卿不仅容貌端庄、体态轻盈，而且更具一股不凡的气质。可最令她与众不同的就是她自然而优雅的谈吐，让她在舞台上游刃有余。望着她大方得体的主持风格和平易近人的沟通方式，不禁会让我们想起"腹有诗书气自华"这句话。她不是最漂亮的女人，却是最能把舒心惬意带给观众的人。按她的话说，她不能没有书，也是书塑造了她的人格和底蕴。看来，董卿的谈吐源自读书，书籍奠定了她的内心，又通过气质和言语反映出来。

书读得多的女人不一定能够口吐莲花、妙语连珠，那仅仅只是话很多的表现；但是一定可以表现出的是不凡气质和语言，那是一种内在深度的外在体现。无论本身是什么层次的人，具有什么样的文化水平，都无一例外地总喜欢和气质清新脱俗、谈吐超脱飘逸的人交往。试想，让你和一个世故老练、现实圆滑的人待在一起，会不会有如坐针毡，想赶紧抽身离开的想法呢。己所不欲勿施于人，多读书吧，让自己成为别人眼中的“仙女”，让周围的人都被你吸引过去吧。

如果心里想要成为某种样子的女性，那么就可以主动向你想要表现的那个姿态去靠拢。甚至于你已经成了那个你原本想要做的自我。无论在面对什么样的谈话对象，无论在什么样的场合下，你都需要尽量保持沉稳。哪怕是紧张得汗流浃背，一刻也待不下去了，表明上也要表现出若无其事、胸有成竹的模样。这时候，可以想象你所敬慕的某一位名人如果处于与你相同的情况下，他可能会做出的应对姿态。在日常工作、学习的时候，你发现了别人身上某种优秀的特质，不妨就对他进行模仿。经过足够时间的练习，这种你所倾慕的特质也会逐渐成为你生命的一部分。

在拥挤的办事大厅里，一位浓妆艳抹的女士在对着排在前面的人破口大骂着，原来是因为前面那个拿号的人去厕所了，半天才回来，她自知理亏，加上比较内向，只是涨红了脸的窘在那儿。而她的才几岁的女儿，看到那个女士对自己的妈妈出言不逊，虽然听不太懂，但也知道是恶意，便扑到那个女的身上乱抓乱咬，对方便骂得更凶了。这时，一个年轻女孩儿走来，把小女孩儿拉了过来，说道：“女孩子不能这么粗鲁，长大了我们还要做优雅的姑娘呢。”然后对工作人员说：“请赶紧帮她们办理吧，影响社会公德的行为不能再影响公共事务了，好吗？”

很多的女性都存在讲话过于着急的毛病，或者有的过于细声细语，又或者有的过于粗声粗气。要成为一个成功的女性，要把握的一个原则就是尽量做到语气上的坚定和确切。在与人交谈的时候，怀疑的语气或是模糊的口吻都会暴露你思想的某种不坚定。对方也会据此来判断你对某件事的确认程度。就像人和人见第一面时，女性说话的魅力体现在张口的第一句话是否能够在嗓音和腔调上给别人留下较深的印象。当然，时时保持微笑也是非常必要的。

谈吐反映了一个女人的教养、背景和她的内在深度，它不仅指言语本身的内容，还包括言谈举止各个方面，比如声音、腔调、眼神和微笑等。细心的读者又会提问了，不是说内心的本质会自然地表现在音容笑貌上吗？那么刻意为之的所谓社交礼仪，不还是戴了一层面具示人吗？这里要区分的是，心灵指导的是咱们的语言内涵，表现了我们的价值观和思维模式；而言行举止则是要适应于社会的现实标准，是非自然的行为，当然要进行主观的调整了。说到谈吐的主观能动性，著名主持人杨澜也为我们树立了一个好榜样。

中央电视台在筹备综艺节目《正大综艺》的时候，要确认一位节目女主持人。除了对学历的硬性要求外，对于长相和口才也提出了非常高的要求。杨澜作为主要候选人，在一群靓丽的竞争者之中，长相上吃了一些亏。但她凭借着较好的气质，一路过关斩将后只剩下她和另外一名竞争者，这却让评委们感到踌躇万分。因为另一名候选人的长相十分动人，将可能极大地提升节目收视率。

在最后的竞聘关头，杨澜不服输的精神上来了，她没有因为长相吃亏而甘拜下风。在对岗位做预期性陈述时，她镇定自若，娓娓而谈。先表达了选择主持人的优先标准在于沟通效果而非长相，然后陈述了之所以要竞聘这个岗位，是源于内心对旅游的兴趣、对大自然的向往。杨澜在没有文字参考的情况下连续讲了半小时，她思路清晰，逻辑严谨，语言流畅，立刻就抓住了评委们的心。他们不再纠结于容貌这一点，而是被其优雅的谈吐所折服了。于是，最终杨澜成功地得到了这个职位。

谈吐大方、举止优雅的女性，本身就自带一种神奇的光环，拥有独特的气场。即使是刚刚认识她的人，也会很快被她所吸引。要想体现出这种魅力，就要尝试去培养良好的风度，力求既不卑不亢，又美妙婉转；既体现出女性独立从容的风格，又表现女人本身含蓄委婉的美。

当然，谈吐中适度地表现个性也是非常有魅力的，语言的尽善尽美总让人感觉有刻意矫饰之嫌。失去了个体的本色，也就成了千人一面的复刻，成了戴着面具的假人。如果你自信你的本质是美的，何不打开你的门窗，展现你别具一格的思想的独特魅力。

总之，无论是风度也好、气质也好、个性也好、谈吐也好，归根结底都源自个体的内在涵养。用读书和思考的方式去积累你的内在修为吧，当你有了足够深厚的内涵时，它自会像汩汩的泉水一样不断涌出，成为一生取之不尽的财富。

酝酿诗意之心，享受诗意生活

诗意是一种感性经验，女人是感性的，诗意和女人便有一种本质上天然的联系，两者好像是一枚硬币的两面。女人的生活不能没有诗意，诗意本身也不能缺失女人的存在。女诗人虽然远没有男性诗人的成就高，但后者大都从女人这里寻求灵感。灵感之神缪斯就是九个少女，为诗意提供取之不尽的源泉。

很多人把诗意理解为吟诗作赋，而那只是诗意的表面含义。诗意在现代生活中表现为一种心灵的意味，一种情商的高度，一种在平凡生活中显现的仪式感。就像生存的两个层次，满足温饱只是人的基本需求，而真正的人生价值是体现在追求精神的高层次享受上的，而这种追求的对象就是诗意。有诗意的女人就像蒙上了一层神秘的面纱，充满了未知的魅力。她们把生活过成诗，让锅碗瓢盆的碰撞也显现出了不一样的韵律。

话说林黛玉只因昨夜晴雯不开门一事，错疑在宝玉身上。至次日又可巧遇见饯花之期，正是一腔无明正未发泄，又勾起伤春愁思，因把些残花落瓣去掩埋，由不得感花伤己，哭了几声，便随口念了几句。不想宝玉在山坡上听见，先不过点头感叹，次后听到“侬今葬花人笑痴，他年葬侬知是谁”“一朝春尽红颜老，花落人亡两不知”等句，不觉恸倒山坡之上，怀里兜的落花撒了一地。试想林黛玉的花颜月貌，将来亦到无可寻觅之时，宁不心碎肠断！既黛玉终归无可寻觅之时，推之于他人，如宝钗、香菱、袭人等，亦可到无可寻觅之时矣。宝钗等终归无可寻觅之时，则自己又安在哉？且自身尚不知何在何往，则斯处、斯园、斯花、斯柳，又不知当属谁姓矣！——因此一而二，二而三，反复推求了去，真不知此时此际欲为何等蠢物，杳无所知，逃大造，出尘网，使可解释这段悲伤。正是：花影不离身左右，鸟声只在耳东西。

——曹雪芹《红楼梦》

“黛玉葬花”是何等的凄美，她是《红楼梦》里不多的把生活过成诗的女性。还有一个是妙玉，她俩也是仅有的以玉为名的女性，体现了作者的一种暗示，对此二人的特别关爱。有诗意的女人总有某种独特的才情，有着不同于常人的思维方式，包括童心、跳跃思维、想象力、联想力、顿悟情感等。是非同寻常的性情展现，也是超常领悟力的表现。它需要一定的教育背景的支撑，但又不尽然，很多人教育层次很高却鲜有生活的诗意。

我在北京就偶然间见到过一位女性，感觉有六十几岁的样子，面容消瘦，身姿挺拔。她拎着一篮子蔬菜，优雅淡定地徜徉在人群中。她的举手投足是那么的从容和富有意蕴，平凡却又引人注目！我不禁被她的风采给震撼了，生出了倾慕之情。我不禁怔在那里，一直呆呆地目送她摇曳的影子消失在人群深处。在那时候开始，我明白了女人的美和年龄没有很大关系，主要取决于她内心的意蕴和表现出诗意的外在。也正因为对此的了解，我才不会放弃对优雅和诗意的追求和向往。在生活中我有特定的身份，妻子、母亲，但我更知道做自己的重要性，我首先是一个满怀情趣与底蕴的诗意女子。

诗意通常被认为是一种超脱于寻常的，或是处于心灵的细微、美妙之处的，它通常是充满想象空间的，比如对现实对象的超越，异想天开的细节，微妙的气氛等。它考验女人的灵感源泉，无论是一缕芳香、一片异动、一处异象都可以引起积蓄着的情感浮现。比如，某一天她突然看到与平常不太一样的一瞬，就会突然浮出崭新的感受和情感，这也是诗意的最直接体现。

女词人李清照从小成长于一个学术气氛很厚重的家庭，潜移默化地感受着文化的熏染。再加上她出众的禀赋与天资，在很小的年纪就写出了上佳的文章，甚至可以比得上长辈的作品，也就把自己的名气传播了出去。幼年时的李清照跟随她的父亲在京师生活，当时熙熙攘攘的城市景象以及优越舒适的生活环境，都让李清照产生了浓厚的创作热情。她逐渐地在诗歌领域崭露出头角，并写出了令词坛为之震动的足以流传百世的作品《如梦令》。而其中的两首诗是李清照根据颂碑即兴创作的，其悟性和思维之敏捷令人叫绝。这其实都源于她浓厚的文化底蕴以及幼时环境塑造出的诗意之心。对于一个不谙世事的少女来说，不仅有如此深厚的知识层次，还关心百姓疾苦，忧国忧民，不得不让人刮目相看。

李清照成年以后，便在京师和年龄相仿的学者赵明诚结为夫妇。在那个时候，他们夫妻二人的父亲都是在任高官，家境非常的殷实，但他们始终过着简朴的生活。当时李清照的丈夫还没有从太学里结业，在初一和十五回家看望妻子的时候，因为没有额外的积蓄，所以都要先跑去当铺用随身物品换些零钱用。然后再去集市买一些夫妻都喜欢的果品和艺术品回来，和妻子一起鉴赏和享用，生活得其乐融融。

诗意是摸不着也看不见，只能通过感受获取的。对女人来说，浓浓的诗意正时刻活在她的心头，反过来她也活在诗意的怀中，这两者互为统一也互为因果。当你迎面看到一位女性时，她轻盈地迈步走过，不发出一丝声响，那嘴角微翘的淡定嫣然就是一首诗，那是一种娴静时如娇花照水的气韵流淌之美。

让女人的生活也多一点儿诗意吧，就可以在表面看起来枯燥无味的日子里多一些快乐，留下一些温馨的回忆；在困难和逆境的奋斗过程中，更多一份前进的动力。让女人的生活多一些诗意，就是让她们能够在平凡的生活里多一份浪漫，去爱生活、爱世界。

细啜一盏清茶，慢品一杯咖啡

在宁静的夜晚，月光如水，怡然自得地捧起一杯精心沏出的热茶，细细地品着其中的清香与苦涩。似乎把心事也融合到那杯茶水里，一部分深深地沉淀到心中，另一部分随着茶叶的清香飘飞到空中，和如水的月光交织在一起。

茶与咖啡除了它们的实际功用以外，还是一种行为艺术。喝茶有茶道，品咖啡也有讲究。人们在进行这种艺术行为时，仿佛是将个体和行为对象融成了一个整体，在物我两忘的意境中体验生命的美。她们一般都有淡泊名利的心境，把世间百态的滋扰化为一杯清露，把身处的市井喧闹化为世外桃源。爱茶的女人总是有着温和的品行和温柔的强调，世界和岁月对她们来说，只是一种表象，凡间的宠辱已与她们无关。

女词人李清照就是一位爱喝茶的女艺术家。她也写过很多关于茶的诗，比如“豆蔻连梢煎熟水，莫分茶”“酒阑更喜团茶苦，梦断偏宜瑞脑香”。而清代诗人纳兰性德的“被酒莫惊春睡重，赌书消得泼茶香。”正是李清照和其夫相伴饮茶的真实写照。他们在饮茶的过程中，还发明了一种关于茶的游戏，即说出某事在某书的第几页的第几行，说对了才能喝到茶。想来颇有情趣，也符合茶本身的意趣。

爱茶道、爱咖啡的女人都是优雅而淡定的，都具有非同寻常的淡然心态，有着异于常人的审美品格。妙玉就是一位懂茶的艺术家，是《红楼梦》里茶道的代言人。与大观园里各具魅力的众女儿相比，妙玉更加超凡脱俗、清奇典雅，甚至比已然出类拔萃的黛玉和宝钗还要纯粹和无瑕。妙玉无论是在茶水、茶叶，还是在沏茶和品茶上都有独到的理解和偏爱，并且有着极高的造诣，曹雪芹将他自己对茶道的研究都通过妙玉的口道了出来。在书中对妙玉一流茶艺的描写和对其至高心性的表现，侧面暗示了作者本身对懂茶的女人的极高评价，将茶道与女性有机地结合在了一起。

茶叶得是好茶“老君眉”，茶水需得“陈年梅花雪”，茶器要古董级，技法上还要“红炉细煮慢烹茶”，喝茶的对象还必须是知己，喝“体己茶”。细致到这个份上，恐怕连茶圣陆羽也要自叹不如了。

黛玉因问：“这也是旧年的雨水？”妙玉冷笑道：“你这么个人，竟是大俗人，连水也尝不出来。这是五年前我在玄墓蟠香寺住着，收的梅花上的雪，共得了那一鬼脸青的花瓮一瓮，总舍不得吃，埋在地下，今年夏天才开了。我只吃过一回，这是第二回了。你怎么尝不出来？隔年蠲的雨水哪有这样轻浮，如何吃得。”

……妙玉听了，忙去烹了茶来。宝玉留神看她是怎么行事。只见妙玉亲自捧了一个海棠花式雕漆填金云龙献寿的小茶盘，里面放一个成窑五彩小盖钟，捧与贾母。贾母道：“我不吃六安茶。”妙玉笑说：“知道。这是老君眉。”贾母接了，又问是什么水。妙玉笑回：“是旧年蠲的雨水。”贾母便吃了半盏。

——曹雪芹《红楼梦》

爱品茶的女人更懂得享受生活本身的趣味，她必然是宁静而从容的。回到家里以后，脱下面对社会的所有伪装，用纤纤素手为自己精心调制一杯茶。坐在阳台上细细地品啜，缓缓吮吸那缕缕清香。这样的女人，有着非同一般的洞察力，可以欣赏细微的美、平凡的美，从锅碗瓢盆的枯燥日常里发现微妙的另一个世界。

苏东坡的一句诗文道出了茶与女人的联系："戏作小诗君莫笑，从来佳茗似佳人。"似乎女人和茶在品性上有着十分相似的联系，幼女就像是茶树枝头上飘动的清新嫩芽，少女就像是正在被采摘的毛茶叶，而成年女性就好像各种各样的成品茶叶。

如果从类型上去比较，20 多岁的少女浑身散发着迷人的气息，就好像花茶，给人以充分的想象空间。30 多岁的青年女性正慢慢走向成熟，仿佛是清新淡雅的绿茶，表明平淡，细细品起来令人挥之不去。40 多岁的女性经历了人生的磨砺，洗去了铅华，就像是浓郁的红茶，老而弥香，更值得慢慢品味。用茶比喻，少女就像是头泡茶，味道青涩；青年女性像是第二道茶，茶味更加香醇，因为她们正经历从个体到组建家庭的过程，变得更加成熟和具有魅力；而中年女性就像是第三道茶，此时的茶不再以表面的香气诱人，而是更具茶韵，令人神怡，让人加倍珍惜。

希蒂喜欢在紧张的工作之余去咖啡馆放空自己，让大脑和心都休息。人们说咖啡是一种让人清醒的酒，那女人往往就喜欢沉醉在这不醉人的酒里。希蒂一边品咖啡，冷眼观望着形形色色的人，他们带着各自的心事，来去匆匆。喝下一杯咖啡，希蒂的灵感开始飞扬。

古人斗酒诗百篇，希蒂把这咖啡也当成创作的源泉。在咖啡浓香的刺激下，她的脑海中浮现了各种天马行空的构思与设想。希蒂并不是不食人间烟火的女孩儿，但是她希望的生活是浪漫与现实的结合体。在感觉孤独的时候，她就把咖啡馆当成自己精神的家园。周围的人常常羡慕希蒂那似乎源源不断的创作灵感，但他们何尝懂得，那咖啡馆看似落寞、实则可以包容世界的角落里，正是女人可以释放灵魂之地。

一般的女人不喝茶，喝茶的女人不一般。在职场拼搏的女人回到家中，卸下保护的外皮，回归淡雅的本色。她们喜欢扬起那雅致的兰花指，在欣赏茶香的同时也在欣赏自己，把品茶行为做成不需要观众的行为艺术。她们不会像茶道大家那样刻意挑剔茶叶，她们常常会冲一些绿茶、花茶之类的清茶，或是美容茶、减肥茶。甚至一些有独特品位的女人把冲泡的过程当成一种享受，而不在意具体的饮用的味道。而居家女性，可能会少一些典雅的趣味，而更多一些生活本质的平凡和韵味，更多了一些对世事人情的通透和感悟。

爱喝茶和咖啡的女人都有足够的耐心，她们可以不计得失，慢慢地把生命的节奏融入准备、调制和品尝的过程中。好像品茶的过程就经历了一生的纠缠，她们的淡然心境就隐藏在这过程里，沉淀在茶水里。因此，可以说爱品茶的女人也必定有着温柔似水、善解人意的优秀品质，更容易得人之爱怜。

爱品茶的女人并不是为了打发无聊的时光而去做某件事，她们其实是为了自己的心，为了在经历红尘喧闹后精心呵护那颗本真的心，回归自己的心灵。她们追求的就是一种格调，希望从这物质的消费社会超脱出去，做自然的人。淡定优雅地品茶的女人就像是一幅写意的水墨画，看上去平淡和留白之处，却恰恰蕴含了广阔的风景，在虚虚实实中表现看无限的魅力。

女人品茶、品咖啡，是对自己的爱，也是对生活的尊重，让身心的品藻升华。那种舒心和惬意，就像春风中的杨柳拂面，湖面上的微微碧波，令人心旷神怡，物我两忘。这幅美的画卷，岂不是美的终极显现吗？

书卷爱不释手，一生精神相守

爱读书的女人，本身就像一件艺术品，周身好像总有一种恬静的如微风般和顺的气息。沈从文曾说："如果一个女子失去了她自身的宁静，那她所具有的美总是有缺陷的。"所谓"腹有诗书气自华"，其实就是书带给我们的一种气质。

看书需要选择一个安静而又没人打扰的环境，因为看书的过程其实也是和自己在交谈的过程，是在动态的思考中进行的，然而没有人可以在喧闹的氛围下冷静思索。因此，喜欢读书的女性往往都有一种平静如水的气质。她们风轻云淡，优雅从容。正如林徽因所说："真正的宁静，不是避开车马喧嚣，而是在内心修篱种菊。"这种内心的静谧也许可以通过人生的大起大落来获得，但是其代价和破坏力也是非常惊人的。而读书，无疑是最方便的自我成长的方式。

事实上，能够让我们的生活变得舒心愉快的就是读书了。前些天，我下午 1 点钟去车站买车票。根据行程安排的合理性，我计划买 3 点钟的票走，我在窗口对售票员说："我买一张……"可是还没等我说完，她已经把 1 点的票打了出来，这时候我才把我的话"3 点钟的票"全部说完。她便狠狠地瞪了我一眼，生气地喊着："你怎么不早说，我怎么知道你要几点的！”我听了便笑着说：“那好吧，请再给我打一张3点的。”

于是，我一个人买了两张票。朋友知道了，对我说：“你脾气太好了，明明是售票员的问题，就算票不能退，我当时也要回骂她几句！”我笑了笑说：“她们的工作性质决定了每天要面对很多人，这些人里面很多人可能也会很难缠，她们不耐烦也是很正常的，将心比心嘛。如果让我每天面对很多说不清楚的人，每天重复相同的工作，我也可能失去耐心的。”我接着说道：“我能这么想，都是读书带给我的启发，读书让我能够站在更高的平台上看问题，能够拥有更加超脱的心态。所以，女人不能不读书。无聊的时候，书就是你的伙伴；烦闷的时候，书就是你的心理导师。”

莎士比亚曾说：“生活里没有书籍，就好像没有阳光；智慧里没有书籍，就好像鸟儿没有翅膀。”在如今这个快节奏的时代里，想要坚持一件事并且长久地做下去，确实是很难的。就像读书，它首先需要我们静下心来，而日常我们总会面对各种问题、各种诱惑和各种琐事，便很容易分散我们的注意力。同时，读书是个需要长期投入才会获得成效的事情，当你存在急功近利的心理，发现和周围的人同样在为一些事情付出，而读书却收效甚微时，就免不了因出现迷茫而很难坚持下去。

著名作家林清玄曾经说道：“三流的化妆是脸上的化妆，二流的化妆是精神的化妆，一流的化妆是生命的化妆。”而读书就是女人给自我的最华丽的妆容，书籍给她们增添了别样的气质，也让她们对周围发生的不堪琐事有了更强的宽容心。爱读书的女人不会过于陷入现实的羁绊，却能优雅自如地穿梭于其间。女人通过书籍所积累起来的内心底蕴、丰富思想和超凡自信，都能帮助她们在这个物质化的消费社会里充分保持自己的初心和本真。女人不能离开书的滋养，只有它们才是女人最好的陪伴，它们让女人在产生疑虑时能够豁然开朗，对生活充满向往，让明天更加精彩。

爱读书的女人在面临困难和逆境时会更加从容。一方面，她们从书中见识了人间万象、沧海桑田，对浮华的世事有了认识，变得通透了；另一方面，书籍在她们心中筑起了坚实的壁垒，这是一种坚定的力量，她们知道自己的路在何方，该做什么。同样，爱读书的女人让周围的人也愿意和她们待在一处，因为可以感受到她们身上那种强大的力量，仿佛自身也深受影响，得到一种支撑。

隔壁张阿姨最近参加了一个同学聚会，对聚会上的一件事情记忆犹新。她说，在大家举杯共饮的时候，进来了一位看起来挺年轻的女人，身穿一身朴素的衣衫，身材消瘦，玲珑可爱。她的头发不长，干净利落，手里拿着一个精致的小包。她的样貌并不出众，皮肤也没有那么白净，但总体显现出了不俗的气质，在众位五十多岁中年人中间显得非常突兀。

正当大家满脸疑惑不知道怎么称呼时，她先开口说："我来迟了，请见谅。"叙了半天才知道，原来这位精灵般的女人是当年班里学习成绩差劲，沉默寡言，缺乏自信的一个同学。她从小就喜欢读书，当时大家看她只读书，又不出成绩，还不会说话，都自带优越感地嘲笑她是"书呆子"。而现在，她摇身一变成了一只"白天鹅"，不禁令在座的所有人都唏嘘不已。

席间，这位女同学和别的推三阻四的女生不同，她大方开朗地和大家敬酒吃饭，并饶有兴致地为大家讲述关于红酒的趣闻以及如何品酒的知识。“觉得我们和她差的不是一个档次。”一位同学后来说道。在谈到孩子的婚姻问题时，很多为人母的同学认为孩子应该多理解家长的苦心，而不是对抗式的不合作。而这位气质出众的女生只是平淡地表示，孩子大了自有各自的想法，逼是没有用的，只能适得其反，尊重他们就好，不让我们操心是件好事。爱读书的女人眼界都会高一点儿、远一点儿。爱读书的女人，就连岁月都要让她比其他人幸运一点儿。

的确，我们细细观察就不难发现，喜欢读书的女人通常待人也非常的谦逊和平和。她们不会因为自己看的书多，或是领悟的道理多，就把别人看成傻瓜，也绝不会一副牛气哄哄、趾高气扬的样子。恰恰相反，爱读书的女人总是平易近人，宽容地对待身边的人和事。也就是俗话说的，懂得越多的人越明白自身的无知。她们的视野因读书而变得广阔，所以能够兼容并包、兼收并蓄，懂得欣赏自己，更懂得欣赏别人。

有的人认为读书没有用，那都是因为他没有认真去读，没有领略其中的意趣。读书对一个女人的改变是潜移默化、润物细无声的。虽然不能立竿见影，但就像细细的溪水带给山川的影响一样，虽然微小，但持久，一点点儿地成就了巍峨的高山。让书籍成为女人的终身伴侣吧，在别样的世界里享受生命。

走进清新自然，启发透彻感悟

真正的、最高的美正是人在现实世界中所遇到的美，而不是艺术所创造的美。车尔尼雪夫斯基对美的定义还包含了一定的社会成分，还没有将纯粹的自然美单独分离开。人原本就来自自然，甚至说所有生物都源自海洋。人在接近自然的时候，就好像回到了故土，找到了心底的亲切回忆。

我们常常会有一种非常直观的感受，那就是在城市待得久了，被工作纠缠得久了，就会有一种想要逃离的愿望。在日复一日、昏昏沉沉的工作压力下，我们的意志逐渐消沉，进取心慢慢被消解，这一切的负面情绪，似乎都可以在和大自然亲密接触后得到瞬间释放。女人似乎和大自然更有一种天生的内在联系，与乐于在社会中打拼的男人相比，她们更愿意和充满生命内涵的自然贴近，去体验生命本身的精彩。

此外，我在这里感到很惬意。在这天堂般的地方，寂寞是一剂治我心灵的良药，而这韶华时节正以它明媚的春光温暖着我常常寒战的心。林木和树篱鲜花盛开，我真想变作金甲虫，遨游于芬芳馥郁的海洋中，尽情摄取种种养分。

每当这可爱的山谷里的雾气在我周围蒸腾，太阳高悬在我那片幽暗的树林上空，只有几束阳光悄悄射进树林中的圣地时，我便卧躺在山涧那飞跌而下的溪水边的葳蕤的野草中，挨着地面观察千姿百态的小草；每当我感觉到我的心贴近草丛中麇集扰扰的小世界，贴近各种虫豸蚊蝇千差万别、不可胜数的形状时，我就感到那个照他自己的模样创造我们的全能的上帝的存在，感觉到那个飘逸地将我们带进永恒快乐之中的博爱天父的呼吸；我的朋友，每当后来我眼前暮色朦胧，我周围的世界以及天空像情人的倩影整个都憩息在我心灵中时，我往往便会生出憧憬，并思忖：啊，你要是能把这一切重现，要是能将你心中如此丰富、如此温馨的情景写在纸上，使之成为你心灵的镜子，犹如你的心灵是博大无垠的上帝的镜子一样，那该多好！——我的朋友——不过，我要是真是这样去做，就必将陨灭，在这些宏伟壮丽的景象的威力下，我定将魂销魄散。

——歌德《少年维特之烦恼》

伟大的歌德以他艺术家的独特视角敏锐地捕捉着大自然微妙的意蕴，他让作品里的主角代他与理想中的大自然融为一体，感受生命真实的脉动。城市本身并不宜人，女人们在按部就班的工作、生活中，常常为日复一日的枯燥所累，心灵就像蒙上了一层滑腻的油脂，即别扭又难熬。于是，那内心迫切地希望得到洗涤、重现光芒的愿望，不由自主地将女人拉回自然寻找灵感和感悟。

那花瓣浮在水面，飘飘荡荡，竟流出沁芳闸去了。回来只见地下还有许多，宝玉正踟蹰间，只听背后有人说道："你在这里做什么？"宝玉一回头，却是林黛玉来了，肩上担着花锄，锄上挂着花囊，手内拿着花帚。宝玉笑道："好，好，来把这个花扫起来，撂在那水里。我才撂了好些在那里呢。"林黛玉道："撂在水里不好。你看这里的水干净，只一流出去，有人家的地方脏的臭的混倒，仍旧把花糟蹋了。那犄角上我有一个花冢，如今把他扫了，装在这绢袋里，拿土埋上，日久不过随土化了，岂不干净。”

——曹雪芹《红楼梦》

林黛玉虽有玲珑的心窍、绰约的身姿、宛如天女下凡尘的气质，无奈父母双亡，无人做主。便走向自然寻找慰藉，在园子里的那一方净土上自说自话地诉说心情，找寻感悟，排遣思虑。大自然是千姿百态的，一花一世界，一叶一自然。渺小的事物可以蕴含无限的内容和意境。

大自然就像是一首清新而明亮的乐曲，大自然就像是一篇意蕴悠长的散文，大自然也像一幅五颜六色的画卷，大自然同样也是一本无所不包的书。热爱生活的女人，在阅读大自然这本包罗万象的百科全书时，也会有她独特的感悟。女人爱大自然，爱它的风韵万千、爱它的多姿多彩、爱它的深厚内容。每当投入到它的怀抱时，女人都会被眼前的某一种美丽所陶醉、所吸引。小到一株花朵，大到万千，都可以得到全新的感悟与启发。与大自然交流，不仅可以放松紧张的情绪，还可以让心灵得到净化，让灵魂得到升华。与大自然交流，不亦乐乎！

大自然是人存在的基础。在古希腊传说中，海神波塞冬的儿子安泰俄斯力大无穷，只要他站在大地上，就有无尽的力量，无法被别人战胜，他的力量源源不断地来自他的大地母亲。因此，很多来挑战他的人都被杀死了，而英雄赫拉克勒斯无意中发现了安泰俄斯的秘密，即他的神秘力量来自与大地的接触。于是，在战斗中，赫拉克勒斯将安泰俄斯举到空中，让他脱离了和大地的接触，最后终于将其扼杀。

同样的大自然，在不同人的眼中，也常常会有截然不同的体会和感受。对女人来说，这种区别尤甚，这区别不仅来自眼睛的感官获取，更是心灵关照的不同映射。女人的心灵是丰富多彩的，也充满了别具一格的诗意，她们善于观察和提取大自然种种微妙的特征与意趣，并享受其中的美带来的独特感受。

巴乌斯托夫斯基曾拟人化地描绘自然这个审美对象："假如雨后把脸埋在一大堆湿润的树叶中，你会觉出那种沁人心脾的凉意和芳香。只有把自然当人一样看，当我们的精神状态、喜怒哀乐与自然完全一致时……大自然才会以其全部力量作用于我们。"把大自然当成和人一样的对象，作为我们真正的伙伴来对待，才会感受到那种亲切感。这种心境与自然的结合，让人能够更真切地感受那种回到原初的真实。

无论是春的生机盎然，夏的热情似火，秋的萧瑟，还是冬的银装素裹，都有它们独特的魅力，让人流连忘返，回味无穷。在城市里疲惫应付的女人们，多走入大自然吧，在那里让心灵得到畅快淋漓的释放与洗刷，让灵魂得到陶冶，得到升华。让自己在大自然中重新焕发青春，获得感悟，发现一个新的自我。

无须伪装自我，外化内却不化

庄子云："古之人外化而内不化，今之人内化而外不化，与物化者一不化也。"庄子针对为人处世之道，对保持本色与适应环境两者的矛盾提出了自己的看法。他接受和认可了一部分古人的观点，认为应该既在行为上主动适应环境，又保持内心的本真，不随波逐流。

在这个复杂的社会上行走不是一件简单的事情，在为人处世、待人接物时，要处处考虑各种人和事的外在因素，很难由着性子想什么做什么，否则很容易受到攻击和嘲讽。尤其对于女人来讲，本来就在社会中处于相对弱势的地位，如果再尽露本色、充分表达性情、锋芒毕露，就很容易被人抓住把柄并实施反击，最后遭殃的还是自己。但是，很多真性情的女性又不屑为了在社会上妥协而伪装自己，不愿为了物质利益去改变自己的本性。其实，这并不矛盾，适应社会和保持本性可以同时存在，顺应环境也可以不伪装，只做行为上的调整即可。

为了规避伤害，就有了很多伪装坚强的形象设定，使这类女性的内心世界和现实世界、内心世界和自身利益、现实世界和自身利益之间发生着千变万化的冲突。理想是一个样、外界是一个样、内心又是另一个样，总是无法统一协调。生活在这种煎熬中，人会变得扭曲。渴望的得不到，得到的不美好，美好的都该舍弃。

听起来挺绕口，举个例子就清楚了：有个姑娘总是向往着自己能成为歌手，她每天都在忧伤为什么没有人欣赏她，逢人还讲“我不在乎”。终于等到有一天有个人欣赏她的时候，她又在想为什么不是唱片公司老板欣赏她，但她还是说“我无所谓”，可是心里已经含泪泣诉了一万遍“我想红”。其实她都能得到，可因为总是伪装着，连自己都骗过去了，她否认了自己的理想，觉得这并不适合自己，直到最终放弃成为一名歌手。

大观园的小姐、丫鬟们，要不就是个性鲜明、锋芒毕露的“外不化而内不化”，要不就是受封建传统洗脑太深，循规蹈矩的“外化而内化”。真正做到了既在表面上顺应形势和环境的变化调整行为策略，还恪守内心的一片赤诚，不忘初心的，也就只有探春了。她深谙“木秀于林”的道理，也有一颗希望大观园能够欣欣向荣的热情的心，便顺应发展的要求，主动承担起管理家业的重任，把自己的真性情隐藏在了家庭事务的背后。同时，在逼不得已的时候，她也可以适时地崭露锋芒，在抄检大观园时表现出了自己本性的一面，对压迫做出了反击。

探春因又接说道：“咱们这园子只算比他们的多一半，加一倍算，一年就有四百银子的利息。若此时也出脱生发银子，自然小气，不是咱们这样人家的事。若派出两个一定的人来，既有许多值钱之物，一味任人作践，也似乎暴殄天物。不如在园子里所有的老妈妈中，拣出几个本分老诚能知园圃的事，派准他们收拾料理，也不必要他们交租纳税，只问他们一年可以孝敬些什么。一则园子有专定之人修理，花木自有一年好似一年的，也不用临时忙乱；二则也不至作践，白辜负了东西；三则老妈妈们也可借此小补，不枉年日在园中辛苦；四则亦可以省了这些花儿匠山子匠打扫人等的工费。将此有余，以补不足，未为不可。”

——曹雪芹《红楼梦》

“外化而内不化”就像打太极一样，与世俗过招，化解世俗的影响于无形，又不伤害自己的内力。外化不是随波逐流，不是世故，而是要以内不化为前提。“内不化”也就是嵇康说的“内不失正”了。女人要有自己的坚持和秉性，不管外界如何变化，内心总有自己的坚持。女人太容易受到外界的影响了，在社会中行走，难免会沾染

“俗气”。在免俗的方法上,《论语》说“吾日三省吾身”,而庄子说要“内不化”。

我看过这样一个故事。有一天,一个孩子回家后闹着要去商场里看鲨鱼。妈妈听后觉得非常可笑:“商场里怎么会有鲨鱼呢?”孩子举着一张广告单说:“一定有!这是老师发给我的!”妈妈低头一看,果然是一张鲨鱼券,可聪明的妈妈知道,这不过是商场的营销策略罢了,去那里一定看不到鲨鱼,充其量是些小鱼小虾。

但是妈妈转念一想:如果能让孩子开心,被骗又何妨?于是,在星期六那天,妈妈带着孩子来到了商场——果然没有鲨鱼。不过孩子玩儿得很开心,回家后还要扮作鲨鱼的模样。看着开心的孩子,妈妈觉得自己的决定是正确的。

从外在上看,庄子就和我们普通人一样,并无区别。就如他所言:“以道观之,物无贵贱。以物观之,自贵而相贱。”以道的角度来看,万物都是平等的,哪有什么高低贵贱之分呢?但以人之个体而言,却总以为自己高贵,别人低贱。

内不失正是一种内敛,最高境界是“忘我”,越内敛的人越能发现万物的真谛,气场也越强大。内敛不是没有力量,而是将力量积蓄在内心,但这力量是掩不住的,也就是所谓的气场,人们接近她就能被她的气场所影响和感染。而力量外化的女人往往色厉内荏、不堪一击。就像训练斗鸡的那则故事一样:斗鸡开始眼神凌厉、张着翅膀要斗,经过训练后的斗鸡没有了凌厉的眼神,看到其他斗鸡也不会张开翅膀就要斗争,但别的斗鸡一靠近它就会被吓跑。

总之，即使在充满暗流威胁的社会里打拼，女人也无须伪装自己。不妨只在行为上顺乎其然，而内心仍恪守本质，不越原则半步，外化而内不化。优雅从容地做自己，游刃有余地游走乾坤。

容颜虽易褪色，气质永存天地

同娇美的容貌、细软的声线相比，更可以让女性扎根于广博大地上的，就是她们的智慧与见识。倘若你细心考察，就会发现那些战胜了时光，并让自身宛如百合花一样发散温馨气息的几乎都不是表象上的艳丽女子，她们的美大部分都来自气质。

时光是外表最大的敌人，而女人的气质却是靠时光来慢慢凝聚而成的。到底什么是气质，如何才可以拥有气质呢？有时候大家会羡慕那些出身显赫的女人，她们的言行举止无不显示出一种高贵的气质。但是，气质本身是一种内外统一的综合能量，它和背景、家庭、容颜都没有关系，而只关乎于内心。因此女人如果想要显示出真正的内在气质，就必须要重视内涵与修养的培养，让自己能够如百合花一样默默开放，散发出永恒的香气。

“我始终认为，女性的教养程度是对社会文明衡量的一个重要标准，女人的教养决定了一个国家和民族的修养和前途。女性朋友应该用心体会和感悟修养、魅力，因为它们是女性修炼最重要的结果。通过不断修炼，今天可以比昨天、明天可以比今天更具魅力。更加重要的一点是，要知道魅力的重要性，要愿意不断学习提升魅力的方法，把它作为生活中的重要内容，并为此坚持不懈，而这一系列过程会对女性的事业、人生产生重要影响。”

——张晓梅(中国美容时尚报社长兼总编辑)

以心灵之质来提升内在气质，让它在时间累积、逐渐净化的过程中慢慢显露出鲜艳的光彩。女人可以没有靓丽的外表，没有独特的技能，没有超凡的禀赋，但却不能没有内在修养，因为如果缺失了内涵也就等于没有了气质。相对于淡定和优雅来说，内涵更像是某种底蕴。有底蕴的女子就宛如绽放的百合花飘香四处，她们身上的香味不会因为时间的前行而减淡，正相反，会更加芳香妩媚。从气质上来看，具有独特魅力的女子从古至今不胜枚举，而说到“腹有诗书气自华”的，在近代的时候只有一人，她就是林徽因。

“我说你是人间的四月天；笑响点亮了四面风；轻灵在春的光艳中交舞着变。你是四月早天里的云烟，黄昏吹着风的软，星子在无意中闪，细雨点洒在花前。”

——林徽因《你是人间四月天》

“与世无争，淡定从容”是对女人比较高的评判。女人之中无论处于何种外界影响下仍然保持独立而美好的，就数林徽因了。近代时候的林徽因就好似默默绽放的百合花，周身发散着清雅而精致的美丽气息。胡适曾把她称为“中国一代才女”，而她也几乎代表了一个时代的色彩。

在当下，拥有独特气质的女性确实很多，在她们身上体现的不仅是外表美，更多的是情怀和格调，这些都是以她们的绝佳的内在修养为基础的。而曾经被誉为“最美 70 后”的女星俞飞鸿就是这样一个典型。她出道较早，作品虽不是很多，也没有像现在的明星那样大红过，但其饰演过的每一个角色都令人印象深刻。而最令人难以忘怀的，就是她身上那份淡定的优雅气息。

俞飞鸿作为一个“70后”，历经岁月的磨砺却没有失去身上的淡然，时光没有夺走她的美丽，还送她了多一份从容的淡雅。她对待生活从来都是不急不躁的，也没有大起大落的剧情，这和她以往的经历也相吻合。

俞飞鸿生于一个知识分子之家，家乡在杭州。她从幼年就开始就进入影坛，出演了她的首部电影作品。虽然年少成名，但俞飞鸿还是不急不躁、按部就班地走着自己的人生路。她从小不喜欢和别人争执，也不喜欢显示自己。她总是在人跟前显出一种亲切而随和的态度。如今她已经过了40岁生日了，生活仍然按照那种有条不紊的节奏进行着，性格依然那般平和与淡然。随着时光的流逝，她的身上更增加了一种安静与淡雅的气质，让人为之着迷。

一位记者在对她进行采访后对大家说，俞飞鸿确实是一位温文尔雅的平和女性。在采访的过程中，这位记者问她有没有什么事情是她必须要不顾一切去争取的时，她很肯定地回答道：“没有。”确实，在她看来，没有任何事情是必须怎么样的，无论是工作还是感情。对于自己的事业她也有自己独特的看法，她认为没必要去一味争取所谓的可以有助事业腾飞的角色，她更关注这个角色是否真的适合她，有没有提升的空间。这种超脱的观念正是当今的娱乐圈里的一股清流。也许正因为她内心的那种淡定和优雅，才给自己缔造了温婉而从容的气质。

从美学的角度来看，气质实际上就是一种从身体里散出的独特感觉。它很难用语言来形容，也不是形式能够定义的。换句话说，气质是一种源自内在心理的美，善意、宽容和同情等都是这种心理美的基础。气质也不仅仅局限于它的狭义之处，它还包括很多丰富的内容。而培养气质的过程更是多角度、多元化的，小到一个微笑、一个善意之举都是积极养成气质的简单行为。

淡定的优雅如同气质一样，就是一种周身散发出的良好感觉，它源于丰富多彩的内心世界，智慧而博学的思维理念等的综合。优雅淡定的女人必须具有善良、宽容的内心以及温婉静谧、善于理解的性格。优雅的女人知道怎么爱惜自身，更知道如何体恤别人。她了解气质是和外表或年龄无关的。她们不会让生活的条条框框限制自身前进的步伐，因为她明白对待事情要足够宽容，就算被激怒了也不妨保持姿态。

坦率地说，拥有自身气质的女人就是要淡定而优雅地立于人世，她们不会因为当下的诱惑而轻易放弃自己的原则，也不会由于挫折而心灰意懒。有气质的女人不会盲目地自我欣赏、孤傲自立，也不会刻意展示自己。因为优雅的女人懂得，气质的魅力是不需要广告的，你若盛开，蝴蝶自来。

A CALM WOMAN IS THE MOST ELEGANT

第四章

淡定宛如静水，藐视虚妄诱惑

自从上帝建立了伊甸园，诱惑也如影随形地来到了人间。你无法摆脱它，因为它无处不在，你也很难规避它，因为它无孔不入。但是，人的心灵是玲珑剔透的，只要积极地去激活它的内核动力，就能有效地抵御各种诱惑。女人只有保持淡定的内心，才能将外界的各种影响自然地过滤。风吹身而心不动，并散出淡淡的女人香。

内心静若深潭，风吹心自不动

或许因为是女人的缘故，或许因为心淡如水的缘故，或许因为生活缺少浓妆艳抹的缘故，或许因为生活在静谧的小山村的缘故……女人总是喜欢用一种淡淡的心情去面对喧嚣的尘世。女人喜欢淡淡的交往、淡淡的香气、淡淡的颜色，女人喜欢用一抹淡淡的微笑示人、视物。此生，女人只希望自己做一个淡淡的人。

淡然的女人知道必须要持续地提升自己内在灵魂的层次，以达到一种优雅从容的心性境界。让自己能够在现实的职场中放宽胸怀，轻松悠然地去面对一切委屈和不堪。当结束了一天的红尘叨扰，夜色将至时，心境淡然的女人会回归自我的本色世界里来，或取书细品，或调制茶饮，让生命融入纯然精神的时空里去。岁月的磨砺无法褪去她们的温婉与典雅。她们会将脑海中的千丝万缕寄托与宽容与淡然的心，在岁月轮回里，认真而超脱地经营着生命与家庭。

今日，在逛街的时候，偶然路过一间店铺，听到了一种柔美舒缓的旋律。这种舒缓的柔美与这动感十足的繁华街道，有一点儿格格不入。但恰恰是喧闹中的这缓慢的柔美吸引了我：这种旋律轻轻地、淡淡地绕过宇梁，飘到了街心，给了我心灵一种怡静之美，我不觉驻足于寒冷中聆听起来。我的心绪也被这缓缓的、淡淡的乐律带着，飘向了遥远的天际……

一阵风吹过，我的围巾被风儿随心所欲地从身后拽向了天空。

我回神一伸手拉住了围巾的一角，因怕围巾落地，就随手顺势一个抖动，围巾如抛出的水袖一般，一个蛇形回转闪进了我的臂弯。或许是突然的一连串动作吧，一个路人大喊了一声："好潇洒！"我循声回转，一个中年男子正提着公文包从对面朝着我含笑走了过来。拘泥于这是一张陌生的面孔，我红着脸看了他一眼，不好接话，便低头逃离了这色彩斑斓的商业街，逃离了那舒缓大气的柔美。拐进了裤裆街通往家的小胡同里。回到家，我如一株悄悄躲进幽谷的兰，静静地想着刚才的音乐。我不知道，别人路过那家店铺时会不会有我一样心动的感觉。但我知道，这家店铺的主人一定是喜欢静美的女人。她一定静静地让心灵安坐在云水间，带着一种穿透灵魂的淡淡的芬芳来拨动这天籁之音，送给路人一份淡淡的、干净的祝福。

淡然的女人在面对感情纠葛、利益得失时懂得如何去宽容和隐忍，把不堪深埋于心底，让一切的纷扰不在记忆里沉淀下去，不再泛起波澜。她们明白什么是自己需要的，什么是可以自然过滤掉的。虽然表面风轻云淡，但她们总是在心底默默地留存着那个美好的梦想，无论这梦想是幼稚还是绚丽，是简单还是崇高，她们只希望让人生变得更加丰富多彩，让淡然的自己能够不枉此生。

明明妹妹是一个很美、很独立的女子。她喜欢在自己的世界里把酒、品茶、赏花、弄草。她擅长打点自己的几处生意，她把自己经营得如同一幅诗画。她的生活高雅而淡美，如果你走近她，你就会感觉到她的生活意境宛若仙子般如梦如幻、纯净唯美。她的穿着打扮庄重得体，言谈举止风轻云淡，为人处世不惹尘埃。她总能把她生活中所受的那些苦难打击，生意上的那些磕磕绊绊，工作中的那些烦恼琐事，在轻描淡写中幻化成为一种淡淡的平静。她如那尘世的一片雪花，给你一种景致的独美。

在她面前，你才知道：任何的侵蚀都玷污不了她那有内涵的灵魂。她是一个喜欢在大众面前羞涩得低眉浅笑、在闺蜜面前又肆无忌惮地大笑的女子，她会带给你一种踏实的感觉。不管你有多少烦恼，在独立打拼的明明妹妹面前，都会让你所有的牵绊释然。她怀有一颗恬静的心，她给你的是满满的正能量，她用积极的生活态度，感染着身边的每一个人。

在《红楼梦》众多奇女子中，邢岫烟在出场时平淡无奇，显得并不出众。但随着剧情，她也凭借着自己独特的淡然的魅力和不与常人一般的品行，得到了大家的肯定。她虽出身贫寒，却不贪小利，懂得自爱。气质从容淡然，即使身处百花丛中，也绝不逊色于任何人。她也是在书中得到了为数不多的好结局的女性之一。

凤姐冷眼掂掇岫烟的心性行为，竟不像邢夫人及她的父母一样，却是温厚可疼之人。因此凤姐又怜她家贫命苦，比别的姐妹多疼她些，邢夫人倒不大理论了。

只是邢岫烟未免比先时拘泥了些，幸她是个知书达礼的，虽有女儿身份，还不是那种佯羞诈愧一味轻薄造作之辈，且岫烟为人雅重，凡闺阁中家常一应需用之物，或有匮乏，无人照管，她又不与人张口，宝钗倒暗中没相体贴接济。

——曹雪芹《红楼梦》

淡然的女人为人处世并不冷淡，她们上得了厅堂，下得了厨房。厅堂之上她们不卑不亢，侃侃而谈；厅堂之下则相夫教子，自成一派。属于那种大事聪明，小事糊涂的人，别看她们平时婆婆妈妈，但关键时候该闭一只眼时就会闭一只眼。那淡淡的感觉体现在心态，她们善于聆听别人的心声，善于察言观色地来安慰一颗受伤的心灵，是姐妹情中"哼哈二将"的结合体。她们讲义气，耐吃苦，有一种巾帼不让须眉的胆识和勇气。

淡然的女人宛如秋天的叶子一样有一种静谧而神秘的美，她们淡淡地出现，又淡淡地离去，让人相处起来好似一阵微风、一阵细雨，给人淡淡的甜美感受。这种境界看起来简单，却实在是凡俗之人难以达到的至上层次。也正因为如此，才会让我们对其产生无法抵御的倾慕感。

生命勿求奢华，追寻简单快乐

幸福是一种心态，心越简单，人越快乐。现代人喜欢把简单的东西复杂化，让本来唾手可得的东西变得遥不可及。那些生活幸福的人，不是因为他们拥有的比别人多，而是他们明确地知道自己想要什么，要怎么做才能拥有。简单快乐的女人，从不追求复杂表象的虚妄，不耽于奢华的形式，而是乐于享受当下简单的快乐。

有一句话说得让人颇有感触：成年人丢失的东西，往往在孩子身上更容易找到。事实如此，有时候会突然迷茫，生活会被毫无预兆的悲伤弄得乱七八糟。而孩子的世界却很单纯，他们甚至会因为一颗糖高兴好几天。从前，我们也拥有这样简单的快乐，然而逐渐长大成人之后，自己虽可以买很多的糖，可是快乐却不在了。成年人太累了，因为心事多了、烦恼多了、在意的事情多了，所以身上的压力一天比一天重，于是简单的事情开始变得复杂。

有一则《富翁与渔夫》的故事，故事中讲富翁看见渔夫在沙滩上晒太阳，就劝他不要贪享眼前的舒适，要多出海打鱼，就可以挣很多的钱，等钱足够多了，成为富翁后，就可以舒舒服服地躺在沙滩上晒太阳了。渔夫听了反问道："为什么要绕一圈那么麻烦，难道我现在不是正在沙滩上晒太阳吗？"对渔夫来说，想打鱼时就出海打鱼，累了时就在沙滩上悠闲地晒太阳，就是他想要的生活；他现在拥有的，就是属于他的幸福。

人，越简单越快乐，但快乐的人寥寥无几；人，越复杂越痛苦，可痛苦的人却熙熙攘攘。一个快乐的女人，犹如随身带着一块"飞地"，无论身处何时何地，都有能力为爱的人营造一片纯净的世外桃源，如果没有爱人，就只为自己造一个呗。有时，这份美好无关流年、无视贫贱、无惧生死，只是静静地流淌、弥漫，在家长里短中活出别样的风月。

有这样两个好同学，刘强和李丽君。刘强对什么都感兴趣，什么都想学，所以不停地忙碌着，把自己折腾得筋疲力尽后发现因为学习时间分配得太散，没有好的规划，所以最后什么也没有学好。而李丽君，只有一个目标，并把所有的精力都集中在这一件事情上，成效显著，最后考取了心仪的学校。心简单一些，并不是说只单纯地满足于现状，而是你得找到自己真正需要的、真正喜欢和真正想做的东西，然后制订计划认真去做，这样才更容易成功，也更容易得到满足。可现实却是我们把大部分的精力花在了不同的事情上面，想的多了，反而容易忽略那些最值得我们认真对待的东西。

史湘云和林黛玉一样有着零落的身世，没有父母的照顾，可她与多愁善感、自伤自怜的黛玉不同，她喜欢享受简单的快乐，体验当下的幸福。她本不属于大观园的一员，但在那里的每一天都让真真切切地体会到人生的最大快乐。湘云醉眠芍药裀也成了世人所公认的最美场景之一，史湘云简单、纯真的少女形象，也深深地镌刻在读者的心里。

果见湘云卧于山石僻处一个石凳子上，业经香梦沉酣，四面芍药花飞了一身，满头脸衣襟上皆是红香散乱，手中的扇子在地下，也半被落花埋了，一群蜂蝶闹嚷嚷地围着他，又用鲛帕包了一包芍药花瓣枕着。众人看了，又是爱，又是笑，忙上来推唤搀扶。湘云口内犹作睡语说酒令，唧唧嘟嘟说：泉香而酒洌，玉盏盛来琥珀光，直饮到梅梢月上，醉扶归，却为宜会亲友。

东风扬起漫天飞絮，摇醒满园芍药。酒香里，你浅吟低唱；流年里，写满世间沧桑；辗转的梦尘里，谁又能抚平你心底的忧伤？你别样的风骨，傲然挺立，青石上酣眠的倩影，为这清寂的园子平添了几分生气。〔乐中悲〕襁褓中，父母叹双亡。纵居那绮罗丛谁知娇养？幸生来英豪阔大宽宏量，从未将儿女私情略萦心上。好一似霁月光风耀玉堂。厮配得才貌仙郎，博得个地久天长，准折得幼年时坎坷形状。终久是云散高唐，水涸湘江。这是尘寰中消长数应当，何必枉悲伤！

——曹雪芹《红楼梦》

一个快乐的女人必定是个智慧的女人，大气、宽容、独立、坚强、有耐力、有情趣，还得有那么点儿经济实力。她身上的每个毛孔都在告诉男人：跟我在一起，你会很快乐；没有你，我依然快乐。于是她的身边人活得没有压力，轻松惬意、自由自在。

得不到的莫强求，你要相信命运自有安排，你所有的付出都会得到回报。人生的痛苦往往都是自己想得太多、顾虑得太多，使得身上的负担增加，活得很累。所谓烦恼，大部分不过都是在庸人自扰，能快乐就别让自己过的太难堪。一辈子不长，何必把时光都浪费在那些无关紧要的人和事上。做简单的人，守简单的心，人这一生，所求不多，快乐就好。

都说知足常乐，而人的欲望是无穷尽的。只是有人能很好地控制自己，明白得到是幸福，得不到便也随缘，所以很容易被满足。也因为这样，心里不会装太多的事情，自然就很容易得到快乐。一个快乐的女人必然会给她的爱人带来快乐。快乐久了就是开心，开心久了就成了幸福。时间的积累让女人花容不再，幸福感却沉淀为珍贵的罕物，而男人通常只是简单的那种动物，有多少愿意弃人之前先自弃的？有情有义的男人自是欲罢不能，没心没肺的少数几个，到头来也多数后悔自己少不更事或者老年痴呆。至于那些连后悔都没有的男人，那一定是女人的错爱，相忘于江湖已是最好的美事，就让他去吧。

淡看成败得失，不致累己累心

“希言自然。故飘风不终朝，骤雨不终日。孰为此者？天地。天地尚不能久，而况于人乎？”老子觉得：只有少表达自我，不重视利己才能和自然相融合，和道法相顺应。天地间的狂风骤雨尚且变幻无常，没有定型，更何况渺小的人类呢？可是，很多人偏偏很在意，甚至算计得很细致，最后不仅深受其累，还让身边的人为其所累，乃至自降品级，落入俗流。

多元化的人生活在这个复杂的世界里，谁都无法将一生掌控得十全十美，生活中可能出现的不顺心与不称意总会常常碰到。女人尤是，她们在社会中往往处于相对弱势的地位，可能遭遇的不公与挫折会更多，遭受的失败也会更多。无论如何，淡看成败是必要的，既然无法避免、无从躲匿，不如淡然地面对它们。这样，才不至于要让你的心跟着无缘无故地受累，既对现实无济于事，还弄得身心俱疲，何苦为之。

人生之路，机遇与挑战并存，成功与失败相连。我们每个人，即使是最刚毅、最具英雄气概的人，一生都会有部分时间是在失败的恐惧、挫折中度过的。我们应该如何正面面对、看待和处理挫折？紫妍就是一个鲜明的例子。她是一个刚经历了感情的纠葛，又在事业上受到了挫折的姑娘。在万念俱灰的时候，她父亲带着她去旅游，排遣低落的心绪。父亲给她说：“首先你必须先相信自己，每个人的人生都会有起起伏伏。上帝就像一个精算大师，他在安排你的旅程，只要你坚持理想的信念不动摇，并且为之努力，人生就必然会螺旋式上升的。所以在美国非常崇尚体育精神，这次不行，还有下次，调整好状态重新再来。”

在追求梦想时定会有许多让你困扰的事情，有时候只有一语点醒梦中人，你才可以石破天惊。紫妍听了父亲的话，反思回想了自己的过往，有甜美的回忆，也有阴郁的落寞。现在所经历这些和她的前半生比起来，也不过是多了一些点缀，并没有什么大的变故。她逐渐地从阴霾中走了出来，慢慢找到了真爱，工作也有了起色。所以说，顿悟是一种很好的洗礼，是人生的黄金拐点。一句看似平常却意味深长的话语，将是你人生的点金石，正如紫妍与父亲的沟通。人的一生在追求梦想时，也许就某一分钟里，会因为你的父母、朋友的一句话令你茅塞顿开，然后你就插上了理想的翅膀。

生活总是很现实的，但还是要珍惜它，毕竟是属于我们的有限时光。对某些事情，莫要强求，微笑着淡然面对成败与得失。这纷繁复杂的世界，并不能只靠努力来赢得一切，尽人事，听天命。从我们人生的伊始，到离开父母的庇护，到进入社会打拼以及慢慢地走上独立的道路。在这个逐渐成熟的过程中，人们难免遭遇一些不堪与失败。人生确实是很难的一段旅程，充满了各种酸甜苦辣的味道，尤其是女人呢，的确都过得很不容易！

小美原以为2016年大学毕业面临就业的生存压力，迷茫而又未知的忧虑是她人生中最难熬的光景。但却不曾想到，她人生的雨雪风霜远远没有想象得那样简单。所幸山重水复疑无路，柳暗花明又一村。一切的一切在如今看来，似乎都已经风轻云淡了。2016年小美的故事很单调，过着水波不惊的生活，有些不重要的人、有些不想记起的事，也随着海浪的来来去去而在沙滩上搁浅，连风景都算不上。亦不再是陪伴，而只是记忆，却又终将逝去。

2016年或许是小美人生路上的转折点，或许是命运给她的历练。

这一年在新的工作中，她认识了很多人，学会了很多此前未曾想明白过的道理，也让她的人生又有了浓墨重彩的一笔。蝴蝶飞过的远方，就是梦开始的地方。对于未知的恐惧，却也未尝是一种新奇的快乐。这期间发生的故事有悲有喜，有些你能知道，有些你却并不知道。

事实上没有谁是圣人，谁都没有权利去评判别人的生活，自己的故事从来都是冷暖自知。世人皆是劝人容易，但自己却未必懂得，有些悲喜何不就说与自己。没有人比你自己更了解自己，也没有人比自己更希望自己活得平安喜乐。那么很多道理也就在不知不觉间想明白了，到人生的暮年再回首，权当和岁月把酒言欢而已。

一个充满疑惑的人，见到了一位老者，询问人生的最高境界，老者答道："无损于人。"他第二次去请教时，老者答道："无求于人。"当他第三次又去询问时，老者答道："无愧于人。"这个人越来越疑惑了，问道："怎么三次的回答都不一样呢？"老者回答道："因为三次来时，你自身的情况都不同。"

第一次的时候，你的贪欲过剩，自利心可能让你坠入损人利己的怪圈里去。这时必须首先提醒你做一个有良知的人，即使帮不了别人，也不至于害人；第二次，你自身还没有发展到自立自强的阶段，有可能给周围的人带来负担和麻烦，所要提醒你不要给社会当包袱；第三次，你已经成长到有了一定的经济基础和社会地位，但这时候，妄自尊大有可能害了你，让你对成败得失过于看重。在他人有需要帮助的时候，有可能会袖手旁观，这时就需要提醒你不要愧对自己的内心了。

这个人仍是有些不满意，问道："您的回答都是关于人的基本操守和原则，可我问的问题没有那么低端，我想了解的是关于人生的最高境界。”老者说：“没有基础的做人之道，哪有可能达到最高的境界呢？你为什么那么爱关心最高境界，却不看重基本人格呢？”

静坐常思己过，闲谈莫论人非。有人的地方难免有是非，其实不过是利益的不等而已。是非，原本就没有清楚的界限；对错，亦没有固定的标准。因为世人往往从自身看得失，根本没有什么定式和准则，从古到今，从来都是寻常。

因此，女人用心过好每一日就好，别让大好年华荒废，随心所动，珍惜当下！莫要让自己在随波逐流的利欲之争里把人生虚度，让岁月白流，莫要给自己留下遗憾！女人需要淡看成败，不为得失而累己累心。在无情而现实的生活当中，去寻找自己的快乐一隅，好好爱自己。健康的生命就是一切！

纵使千般诱惑，心亦波澜不惊

有个寓言故事耳熟能详，解释了关于诱惑的概念：师徒俩和尚过河，遇一漂亮女子，师傅把女孩儿背过了河。走了半天的行程后徒弟问：“男女授受不亲，师傅怎么能背女孩儿过河呢？”师傅说：“我早已放下了，你还没放下？”——男女间并没我们想象得那样容易发生“故事”，诱惑也不是你做了什么没做什么就可以区分的，它不在行为的表象，面对诱惑的态度自在人心。

人们普遍认为，没有几个人能抵御得了外界的诱惑。在诱惑跟前，作为有着七情六欲的凡人，大家都很难轻易地保持初心、保持道德底线、保持身心的纯正。但是，对于淡定而从容的女人，却能常常保持一颗沉静的心，即使不能完全规避诱惑，也至少不会激动忘情、手舞足蹈。

面对诱惑往往会涉及后悔与否的问题。最近看到一篇文章，标题就是“嫁谁都后悔”，大意是嫁给有钱人，有钱人忙生意、应酬多，妻子独守空房的时候多；嫁给帅哥，别的女人又会不管不顾地喜欢，让妻子防不胜防；嫁给闲人，成天倒是能陪妻子，但挣钱能力的欠缺会让家庭经济往往捉襟见肘；嫁给爱夸奖的人，倒容易享受赞美，但你会不知道同样的赞美话他对别的异性说过多少遍；嫁给木讷的人，妻子的女性美形同虚设；嫁给律师、医生等专业人士，他们多少有职业病，会很忙，让你困在婚姻里哀号。换个角度看，也可以说“娶谁都后悔”。其实天底下根本没有完美的人，即使有，我们也配不上，因为我们或多或少有缺点或不足。所以，维系婚姻，要正确地认识对方和自己。

其实，诱惑并非只是来自金钱、情感等这些普遍的方面，它还可能源于生活中的点点滴滴。对于女人来说，诱惑可能是来自美的，可能是来自虚荣的，也可能来自一些看起来不重要的事情。但是，它们都源于人的本性，或者说劣根性。女人有时候克制不住本性的冲动，不免实施一些原本可以避免发生的行为。这时候，就是中了诱惑的陷阱。但是，要允许人犯错误，中了诱惑又能有毅力地走出来，难道不是一件值得佩服的事情吗。

小丽上大学的时候，班里女生比较多，流行织毛衣。女人爱美，她也想让自己更加可爱迷人，所以自然不会在追求美的问题上甘于落后。于是，她也开始追逐这股热潮，不惜花很多钱买回漂亮的线团，编织起那关于美的向往。为了尽快完成这瑰丽的计划，她上课时也开始心不在焉，脑子里就想着怎么完善设计和技术。晚自习时，她又抱恙躲在宿舍里穿针引线。由于天分聪颖，再加上努力，她编织的毛衣成了公认的佳作。可是，这反而更助长了小丽的虚荣心，她更无法自拔了。

她开始从追求自己爱美到追求成就感，只为了获得一种荣耀的感觉。当看到自己编织的毛衣穿在女同学的身上，引来异性关注的目光时，她就感到非常的开心和愉悦，也沉醉在女同学们的赞赏和感谢中。但是，在诱惑中沉浮必然会付出一些代价，她的学业受到了巨大的影响，成绩一落千丈。看到自己很多科目都不及格，她突然有些猛醒，想起了农村老家的父母还在为自己上学而辛劳赚钱，不仅羞愧万分，还意识到自己是受了虚荣心的诱惑而陷入了误区。还好，她迷途知返，痛定思痛地总结教训，重新投入了学生本职的学习中。

在评价他人的是非曲直时，既要包含我们主观的判断，也需要考虑对方的客观实情。尤其对于某些特定现实下的女性，她们面对生活有很多的无奈。但是，这并不妨碍普遍价值观的取舍，也不妨碍我们给出自己的看法。在面对诱惑的时候，大观园里的两个丫鬟做出了两种截然不同的反馈：袭人喜不自禁，而鸳鸯严厉地拒绝。对比之中，高下立现。袭人再有万般温柔，也在那一刻黯然褪色了；鸳鸯的戏份再少，也突显出了耀眼的光芒。

“别说大老爷要我做小老婆，就是太太这会子死了，他三媒六聘地娶我去做大老婆，我也不能去。”

“怪道成日家羡慕人家女儿做了小老婆了，一家子都仗着他横行霸道的，一家子都成了小老婆了！看的眼热了，也把我送到火坑里去。我若得脸呢，你们外头横行霸道，自己就封自己是舅爷了。我若不得脸败了时，你们把王八脖子一缩，生死由我。”

“因为不依，方才大老爷索性说我恋着宝玉，不然要等着往外聘，我到天上，这一辈子也跳不出他的手心去，终究要报仇。我是横了心的，当着众人在这里，我这一辈子莫说是‘宝玉’，便是‘宝金’‘宝银’‘宝天王’‘宝皇帝’，横竖不嫁人就完了！就是老太太逼着我，我一刀抹死了，也不能从命！若有造化，我死在老太太之先，若没造化，该讨吃的命，服侍老太太归了西，我也不跟着我老子娘哥哥去，我或是寻死，或是剪了头发当尼姑去！若说我不是真心，暂且拿话来支吾，日后再图别的，天地鬼神，日头月亮照着嗓子，从嗓子里头长疔烂了出来，烂化成浆在这里！”

——曹雪芹《红楼梦》

我们常常可以听到“鱼与熊掌不可兼得”这句老话。在工作、生活和学习过程中，当选择去做某件事情时，必然要放弃其他一些事情，必然会有得失。这就需要在做它之前进行慎重的考虑，到底哪件事才是自己真正需要去做的。尤其是我们发现某些事是徒有其表的诱惑时，更要分清主次和利弊，调整心态，勿要被诱惑所驱使。

智慧的女人，往往面对诱惑时会宠辱不惊，而后知后觉的女人，即便深陷诱惑，也能够适时退出来，这两者都难能可贵。总之，感性的女人不能忘记初心，即便千般诱惑，心亦要保持波澜不惊，去做本真的自我。

荣辱皆不惊，当局亦有旁观乐

宠辱不惊，看庭前花开花落；去留无意，望天上云卷云舒。宠辱不惊是一种跳出现实羁绊的高屋建瓴的人生观，它淡看红尘纷扰，不屑争名夺利。从迷惑的当局者，跳出到明晰的旁观者视角。荣辱皆不惊让女人的淡然优雅之气尽显无遗，看似褪去华丽、回归平凡，实则披上了更加炫目的心灵光环，将灵魂的本初之美显现在众人面前。

南怀瑾曾说："三千年读史，不外功名利禄；九万里悟道，终归诗酒田园。"人在年轻的时候常常很在意他人怎么看自己，一些小事就容易耿耿于怀，被人误会就极力申辩，碰到一点儿委屈就大惊小怪。随着岁月的更迭，人在长大的过程中也经历了很多磨砺和教训，看透了一些事，便趋向于不再着急地解释。然而，看透不若看淡，看透是一种世故，而看淡则是一种智慧。放下那虚妄的荣辱，对乐于享受生命的女人来说更加重要。人生不过几十年，如白驹过隙，过去的就让它过去好了，莫再牵挂和纠结。珍惜当下的人和事，荣辱皆不惊，做一个从容而优雅的女人。

六年前认识小阳的时候，她还是一家外企的市场经理。每天都忙得不可开交，也抽不出时间来照顾丈夫和儿子。小阳不仅上班时候忙，下班了还经常加班，甚至节假日还要出差。对一个女性来讲，个中的辛劳可以想象。但她从未因此而抱怨，天生外向和乐观的性格让她可以在快节奏的工作中也享受过程的快乐。

三年前，小阳从外企辞职了，专心当起了照顾家庭的全职妈妈。当别人都为此颇为不解，问起缘由时，她笑着说："儿子现在上学了，不像以前上幼儿园可以放手给阿姨来管，这会儿我得真正承担起教子的责任；再说，他爸爸工作也很忙，身体也不怎么好。"很难相信，这个在职场上呼风唤雨、叱咤风云的女强人，会为了儿子甘愿放弃体面的工作，回归家庭做个小女人。而且直到现在，小阳也没有因为枯燥的家庭生活而产生任何心理变化，她仍热衷于锅碗瓢盆的日常，过着她知足常乐的小日子。

女人的可爱尽显于此，曾经的沧海，也能够为水，曾经在上流击水，也能够退一步海阔天空。女人能够做到这一点，是因为她们淡定的处世态度、荣辱皆不惊的优雅情怀以及当局亦能跳出来旁观的卓越气度。当她们做到这一点的时候，似乎比男人的急流勇退更有一些通透彻悟的聪慧，而不是明哲保身的世故。

在历史上，也有那么一位受宠也不跋扈，反而愈加低调的女性，那就是东汉时期的邓皇后。那个时期的局势很不稳定，掌权者也是更换得非常频繁，你方唱罢我登场。在这种风雨飘摇的乱世，能保持一颗安然自若的心，实是难能可贵。

邓太后从小就聪颖而乖巧，她祖母很喜欢她。在她很小的时候，祖母帮她剪发，却因为老眼昏花而弄伤了她的后颈，但她怕祖母担心和自责，就强忍着疼痛不说出来。随着年龄的增大，也越来越显露出才情和天赋来。之后得以入选贵人，但她并没有因为身份和才能而居高自傲，反而是更加谦虚和谨慎。对待身边下人也是关怀亲切、体恤有加。有一次她病了，皇帝因为爱她的为人，所以特许她的母亲和兄长进宫照顾。但她也委婉拒绝了，她不希望因此与众不同，破坏了规矩。

当时的皇后见她颇为得皇帝宠爱，十分妒恨，暗藏不轨之心，还暗中用诅咒之法相害。后因此事被发现，皇帝欲废黜皇后，她竟然还反过来为皇后求情。然而，她终被封为皇后。在位期间，她清廉而明理，禁止郡国为其供奉，也拒绝皇帝赐予本家的爵位，其贤若此。

在纷繁复杂的人世沉浮画卷前，人尤为不容易跳出对荣辱的牵绊。女人更加感性，因此更不容易走出过往得失的影响。事实上，生活的过程就像不断前行的火车，它势头滚滚，一往无前，根本没有回头路。每天都有不同的喜怒哀乐，都有沿途看不完的风景，又何必计较那一得一失呢。如果懂得了不以物喜不以己悲的道理，那么即使在平淡的日常里，也能发现夏日般灿烂的世界。

有一个人内心里有苦水，老是忍不住到处找人诉说和排遣，但是总觉得无法释怀，于事无补。有一次，他遇到一位智者，便向智者请教道："我总是很难放下一些人和事，该怎么办？"智者回答说："这个世界里，没有什么是放不下的。"这个人不依不饶地说："但我就偏偏放不下它们，如何是好？"智者便让他在手里拿住一个杯子，智者便开始往杯子里倒开水。水装满的时候，智者还不停，开水溢出来烫到了这个人的手，他应激地把手放开。

智者说道："你觉得痛了，自然而然就放下它了。"人在社会上行走，总会遇上不愉快的事情，如果本身受了伤害不说，还总是放不下苦苦地纠缠，受伤的终归是自己的心。因此，把宠辱放下，不光是让别人解脱，也是对自己的爱。山重水复疑无路，柳暗花明又一村，跳出当局者视角才可能找到新的世界。

人随着年龄的增长，在经历世事变迁、沧海桑田以后，会发现很多事情不是单单靠主观就可以左右和掌控的，尽人事，而听天命。命里有时终须有，命里无时莫强求。在荣辱起伏面前，最为智慧的应对态度就是淡然面对。在生命的流淌过程里，有太多有价值的东西等着我们去经历和体验。只有风轻云淡，才能抵得住百般诱惑，做优雅淡定的女人。

A CALM WOMAN IS THE MOST ELEGANT

第五章

细细梳理情绪，淡淡发散暗香

负面情绪是人的敌人，它可以让人浮躁而缺乏专注，让人焦虑并失去理智。淡定的女人极少出现负面情绪，她们能像莲花一样保持出淤泥而不染的优雅风姿。

心似剔透明珠，出淤泥而不染

“予独爱莲之出淤泥而不染，濯清涟而不妖，中通外直，不蔓不枝，香远益清，亭亭净植，可远观而不可亵玩焉。”周敦颐的这篇传世美文淋漓尽致地表现了莲花的纯净特质：即使生在污泥中，也能保持自身的高洁。

世界不是完全晶莹透亮的物体，它有明亮畅快的一面，也有隐晦污浊的一面。人在这样一个社会中行走，难免会沾染上一些污秽。如果是表面的肮脏，还可以洗掉，可一旦陷入深不见底的沼泽，就会难以自拔，甚至性命堪忧。

于是，诗人借着莲花的身处污沼而独自纯净的特质来勉励世人，学习它出淤泥而不染的崇高品质。女人感性而又纯洁，一方面她们更容易洁身自好，和假丑恶划清界限，一方面她们又因为过于单纯而容易受到诱惑，陷入的更深。这就需要女人时刻提醒自己不忘初心，让心灵之光照亮前路。

娱乐圈历来都是颇受人诟病的大染缸，是一个利欲的大集合，各色的人物混迹其中，寻觅着自身想要的东西。而有一个气质脱俗的女演员，她虽身处其中，却不被其环境所影响和熏染，一直保留着自我的本色，也给观众留下了深刻的印象，她就是韩雪。也许韩雪的出身就决定了她独具一格的观念，她家里祖辈都在部队工作，身体里流淌着纯红的血。对于事业，她始终不放弃自己的原则，成为娱乐圈里的一股清流。

无论是在工作还是在生活中，她都表现得非常自律。每天从早到晚的都安排得十分充实，也按部就班地准时去执行。她自己也说，就是这种自律精神让她能够一直做自己，不为人流所驱动。同时，她还不忘记通过不断的学习来提升自己，她知道只有不断进步才能赶上时代的步伐，才不至于被暗流冲走。她恪守着自己的职业道德和生活伦理，从不会为了利益而放弃底线。对于人情世故，她看得也很淡，不会为了争取资源而突破底线。工作之余，她更喜欢去做自己感兴趣的事，去做自己。

能够出淤泥而不染的女人，其灵魂之所以高贵，是因为她们能够不断地为了梦想而拼搏进取，不断地提升自我，完善自己的人格魅力，保持经济独立，不依附于任何人，能够有尊严地活着。她们在荣誉和挫折面前从不会迷失自己，在孤独和寂寞中依然可以自我芬芳，在诱惑之下仍可以从容地一笑而过。

东晋诗人陶渊明也是一位身处乱世，但心境高洁的人。他崇高的灵魂既体现在他生活经历中的点点滴滴，也体现在他的作品中的艺术追求和审美层次。他所处的时代是中国历史上最为混乱的时期之一，却也是思想上非常富有激情的时期。面对无奈的现状，很多文人选择追随老庄的无为之道，用避世的方式表达着内心的不满。而陶渊明没有因为现实的不堪而隐遁自保，他有着自己的追求，在乱世中坚强地跋涉于红尘。

少年读书时陶渊明就有着远大的志向和抱负，对国家和人民抱有深厚的情怀。等到他成年，国家政治已经异常混乱，让他报国无门。虽然出仕，但面对官场的混乱和封建统治的黑暗，他毅然地辞官归田。但是，归隐只是他从形式上对反动力量的抗拒，而在思想上，他仍然不甘失落，用自己的笔抒发着理想与情怀，他的作品也为当时黑暗的社会点亮儿一盏指路的明灯。陶渊明，便是一朵出淤泥而不染的荷花。

滚滚红尘之中，总是会有一些高尚的灵魂感染着我们，指引着我们的前路。这些女人的崇高的心性如清荷般出淤泥而不染。用心灵去处世的女子，永远都知道用简单的自我去应对世界的复杂，用自己的智慧去演绎人生的精彩。

一个沦落风尘的女子，在爱情受到考验，被人逼婚时，为了坚贞的爱情，血溅桃花扇。在家国罹难，改朝换代时，她虽是秦淮河畔上一名低下的歌妓，但朝堂之上，面对皇帝和满朝文武，柔弱的她却唱出了“干儿义子重新用，绝不了魏家种”的大胆之言，她就是李香君。在秦淮八艳当中，李香君无论是容貌还是才艺都不占优势，但为何能占得榜首呢？主要就是因为她对爱情的忠贞和崇高的爱国情怀，让人为之刮目相看。一个身处烟花柳巷的弱女子，却有如此高尚的情操，李香君不愧为一代名女，是“出淤泥而不染，濯清涟而不妖”的典型例子。

心如明珠的女人拒绝媚俗，但却可以接受生活的零碎与枯燥，她们可以从细节中玩味生命的本质与内涵。她们热衷于平凡生活的锅碗瓢盆，去为自己和亲近的人烹调多味人生。她们能够在单调的日常中，奏出美妙的音律。她们也可以于微妙的变换里，体会到内心之冷暖。她们用女人独有的细致和情感，让爱意如流水般抚慰心田。

心如明珠的女人企盼美好但从不会在路途上迷失。她们不屑于魔鬼的诱惑，她们善于运用人性的翅膀，飞向梦想中的天堂。她们的内心丰富多彩，是多面的统一体。她们希望另一半有所成就，却不会令他感受到压力和尴尬；她们不排斥金钱，但也不贪图富贵；她们用自己的头脑代替行为，用灵魂去进行探索。她们不会居高自傲，但保有自身的傲骨。心如明珠的女人是真正的出淤泥而不染，濯清涟而不妖的化身。她们为世界带来一股清新之气、清澈之流，让世界充满希望，让爱洒遍人间。

不焦不躁立身，随遇而安行事

“我总是把炙热的脸庞藏在凉气沁人的树叶和草丛之中，让烦躁不安的心情冷静下来。”海伦·凯勒在她的《假如给我三天光明》里，表达了对浮躁心理的排斥和摒弃，对获得平静心境的渴望和追求。

在城市节奏快的社会生活里，保持一颗不急不躁、冷静淡然的心理确实不容易。每天面对着各色的人、繁多的事，不是每个人都能对脾气，也不是每件事都能称心。对女人来说，感性的心让她们似乎更容易在出现问题时感情用事，出现一些小情绪，一些小脾气。事实上，不骄不躁的心态不是能够装出来的，只有内在的心静，才能表现为冷静。风轻云淡、随遇而安的处世态度，是保持沉着从容心态的基础，也是做优雅女人必要条件。

李丹是那种真正意义上的职场女神。她刚毕业便去公司应聘，在面试的时候与现在的领导仅一面之缘，领导便硬把她抢来自己的部门。刚来的时候她也年轻，经济上不富裕。可衣服保证一天一套，同一件能搭出不同风格，配上相宜的妆容，简单却从容。她逐渐负责起繁忙的工作，一开电脑几十封未读邮件，手机响个不停，还时不时有人一脸焦急地来找她。可她从来没有显现出慌乱，每天上班，她都先把一天的工作分轻重缓急安排好，每完成一项时便起身给自己鼓励式地泡杯茶。有人来找她时，她先三言两语摸清对方的问题，然后给出一、二、三……解决方案。同事们笑说，近前三尺，云淡风轻。

有人好奇她如何能这么镇定，李丹解释："工作是干不完的，如果你乱我也乱，那么这种情绪会很快传开，领导首先要有安定人心的责任。"她凭着平静的气质，俘获了一票粉丝。除了同事，她的客户也对她十分认同。别人搞不定的客户她能搞定，因为看着她不管面对如何刁难都能从容应对的姿态，客户便觉得十分信赖。她甚至与客户成为朋友，好多客户都想挖她到自己的公司。如今几年的工作磨砺让她退去青涩，也让优雅更浸入骨骼。她身材依旧很好，剪裁合体的牛仔裤，一双长靴，我看着喝着茶的她感叹一定要成为这样的女人。

不骄不躁并不是要绝对的平静，也不是沉默寡言、刻意忽略自身。女人无须做到不露声色，只要随心情而来。不会因外界的认同而受宠若惊，也不会因为一时的批评而手足无措。维持平稳的气质，在刀光剑影中亦可行于无碍。当你能够自然而然地接受和面对时，也就没有焦躁和冷静之分了。一切归于本色，人到无求品自高。

小鹿在初入职场时，觉得大家应该对"小萌新"的形象比较喜欢，可能会更容易在单位里得到照顾。于是她便在同事跟前装作是天底下最活泼的小可爱，性格一级棒、极其合群，并主动充当捧哏的角色。可是她做完这些，又收获了什么呢？同事只会说她是个外向的小孩儿，性格很好，但是他们喜欢的不过是和她一起吃饭而已。她的工作能力被好性格淹没。在想到小鹿的时候，同事的脑海中总是浮现插科打诨的形象，重要的工作却不愿意交给她。

渐渐地，小鹿厌倦了对人设的维护，开始显露出自我来。埋头工作时不愿被人打扰，也不常回应同事的玩笑了。逐渐大家对她的态度发生了转变，把她真正当作集体的一分子、专业的职场人来对待。困难的问题会听取她的建议，吃饭时的话题也总涉及工作，小鹿的才华开始显露。这时候她突然意识到，之前苦苦维持的形象除了疲惫，其他什么也没得到。只有当自己趋于平静和自我，才会获得别人的尊重。旧上海大佬杜月笙曾说："一群人中最安静的往往最有实力。"

平静不是一再地退让，而是来自心底的自信。知道自己想要成为什么样的人，然后按照那个标准来做事。遇事不疾不徐，张弛有度，让自己的生活有弹性，也是别人眼中的定心丸。平静不是心如死灰，我们是有感情的人，总会因为这样或那样的事情而波动心弦，这时候如果硬着心肠满不在乎，其实是违背了人性的。说是平静，其实是见过了风雨之后的彩虹，见过了江上升起的明月，心中已经有十足的底气，敢于对自己说一声"未来一切都好"。我们要修炼的是这份从容，这份随遇而安的态度，绝非故作姿态。

对一个女人来说，如果丈夫在外面有了情人，那是一件很令人悲伤的事情。如果不仅是有了情人，还和那人有了孩子，那更是雪上加霜的打击。而 40 多岁的张姐，就不幸地遭遇了这种情况。这对婚姻生活一直美满幸福的张姐来说，无异于晴天霹雳。她不敢相信平时情真意笃的丈夫，会在外面偷偷做这种事。

丈夫很后悔，解释说有一次应酬喝多了，被一个女的扶到酒店，才不小心发生了那种事，还留下了孽种，可他并不是有心那样做的。张姐还没有做出决定，那个女人就来家里闹了，变本加厉地索要房子。张姐冷静地面对歇斯底里的情人，突然发现那个孩子好像和丈夫一点儿都不像。便告诉丈夫找机会拿孩子的几根头发来做个亲子鉴定，结果不出所料，那并不是丈夫的私生子。张姐的冷静挽救了家庭和婚姻，让他们的生活承受住了一次考验。

女人们该如何修炼出这份冷静的心态？那就去读书吧，读书会让你的性格越来越坚毅，让你的心灵越来越柔和。读书的女人，已经从书里见到了各种各样的人和事，这样当她们真正遇到的时候，就不会觉得慌乱了。虽然脚步没有迈到，但头脑已经纷飞。读书的女人，见过有价值的文字，也许看过就忘记了内容，但这些价值已经成为你的力量，是你未曾出鞘的剑光。总有一天，你会成为自己期待的人，安静优雅。而从你那双明媚的眼眸中，透露的是聪颖和热情。

忧郁并非真美，不过黯然神伤

就算你不快乐也不要皱眉，因为你永远不知道谁会爱上你的笑容。快乐是人与生俱来就追求和向往的东西，人本质里的趋利避害所趋的“利”，说到底也就是快乐。而忧郁是一种更加深刻和复杂的情感，它一定程度上可以体现个体的思维深度；但从人的普遍价值取向上，它却远远没有想象中那么有吸引力。

自从浪漫主义思潮登上历史的舞台，忧郁就变成了一种时尚的概念流行于世。它讲究在人遇到挫折和困境时，不做太大的抗争和觉醒，而是顺势进入一种忧虑伤感的心绪中，营造一种病态的美感。这确实是一种美，但在朝气蓬勃的21世纪，这种美让人委实不敢恭维。还不如说就是一种缺乏积极性的黯然神伤，起不到任何正能量的作用。对女人来说，忧郁可以有，但不可过，否则只会伤及内心。

在采访一位妈妈关于生活的感受时，她的情绪不是很高涨：“我今年37岁，我27岁生孩子。如果我年轻的时候能像你这样，仔细想一下结婚尤其是生孩子的问题，也许现在不会这么被动。”

她接下来认真地说：“我最近就在想这个问题：活着有什么意义？只是，和你不同，我现在已经做了母亲了，在有了孩子之后，还在想这样的问题，让我更加忐忑不安。别人都说，有了孩子就有了明确的意义和目标，浑身也会有用不完的劲儿，可我感觉不到，还越来越脱离我原有的轨道。有一天去上班，我突然发现：身边的人都匆匆忙忙地走路，面无表情，我和他们一样——我们到底在忙些什么？我有很好的工作收入，我有看起来很体面的家庭，我还有个孩子，可是，那一天，我却被一个荒唐的念头砸中了：我是谁？我为什么会在这里？这是我想要的生活吗？我所拥有的那些，都不能代表我，那一刻，我完全没有想到我的孩子，我大脑空白，我忽然感觉很疲倦很疲倦。”

忧郁的情绪只适合在特定的时空里进行短暂的停留，如果常常徘徊不去，那么不仅显得矫揉造作，还会真正地让内心蒙上一层阴影，影响精神气质，思维逻辑，甚至身体的新陈代谢。上例中的妈妈说的确实是真情实感，没什么逻辑错误，但却让人感受一种沉重的压抑感，相信没有一个人愿意重复阅读那段文字。它传达了一种悲观厌世的情感，这种负能量不仅让自身陷入忧郁的旋涡，还让周围的人唯恐避之不及，最终让自己受到孤立。

一位刚刚在感情生活中受到了打击的女孩儿，努力地让自己忘却痛苦的感受。借着女神节的这个当口，她想为自己换个心情，给心灵洗个澡。碰巧公司也为女性员工们搞了个活动，这个女孩儿便自告奋勇地上去表演节目了。她从花瓶里取出一支玫瑰花，捧在胸前，朗诵起了普希金的《玫瑰》。活动结束以后，又信步走进一个公园，折下几个枯枝，准备回去配上玫瑰做个插花，当作节日礼物送给自己。完毕以后，又开始沏茶，虽然不懂茶道，也可以照葫芦画瓢，享受那种仪式感，乐在其中。一个完美的女神节，让她也完美地走出黯然的神伤，走进明媚的阳光。

每段感情的抗风险能力不同，不论它是个什么样子，作为女人的我们总还有希望，撇开所有其他外部的因素，女人能做的最重要的事，就是始终做一个快乐的女人。

为了不断地感到幸福，首先要善于满足现状，并经常地感到“这事原本可能更糟糕呢”。要做到这一点并不难，请看：要是火柴在你的衣袋里烧起来了，那你应该高兴，而且要感谢上帝，多亏你的衣袋里装的不是烈性炸药。要是你的手指头扎了一根刺，那你应该高兴：

挺走运，多亏这根刺不是扎在眼睛里。你应该高兴，因为你是人，不是拉长途马车的马，不是生物学家眼下的细菌，不是驴子，也不是臭虫。你应该高兴，因为你现在没有坐在被告席上，也没有债主在你面前逼债。你有一颗牙痛起来，也不必紧皱眉头，因为多亏不是所有的牙都出了毛病。要是你挨了一顿桦木棍子的打，那你应该蹦蹦跳跳，笑着说："瞧，我多走运，人家没拿带刺的棍子打我！"要是你的妻子对你变了心，那你应该高兴，多亏她背叛的只是你自己，而不是国家。依此类推，你就会永无愁苦，快乐无穷啦。

——契诃夫《关于快乐》

真正能摆脱忧郁情绪的快乐女人一定有厚重和内敛作后盾，成熟是生活的内核，天真是生活的方式。所以，她必须曾是一个痛苦的女人，饱尝"刻骨"和"铭心"惨烈伤痛后的觉醒，历经隔世般的决绝和遗憾，行万里路、破万卷书，外加阅人无数。学会千帆过尽笑对人生，饱尝孤独终可享受寂寞。

女人在遇到挫折与困境时，并不是不能在咖啡的浓郁里暂时排遣内心的感伤，但切忌就此滑入无边的阴影中去，给身心造成无法逆转的伤害。忧郁并不是真正的美，它只是一种被艺术家美化了的负面情感，绝非生活的标杆。女人无论处于什么样的境地，都应该乐观和快乐起来，为自己、为他人，也为社会创造正能量的氛围。

乱绪纷纷扰扰，不过庸人自扰

在现代社会中拼搏的女人每天都要面对纷纷扰扰的麻烦：早上起来一想起单位的一摊子事情要处理，便给心里蒙上一层阴影；然后又会担心起老人、孩子，担心他们的身体与感受；还有，眼前时常还会浮现出信用卡的负数数额，还款的日子还遥遥无期；这还不算完，还要纠结远景的工作计划以及亲戚朋友之间的感情维系是否还都保持良好。

三毛感叹“人生如三道茶，第一道苦似人生，第二道甜似爱情，第三道淡如微风”，她划分了女性成长的三个阶段。然而，在现实的世界中，锅碗瓢盆的成本让女人很难淡如微风。她们陷入的困境时常令人丧气而无奈，看起来女人仿佛也无法逃出一生奔忙和忧虑的路子。尽管如此，与灰心地向周围吐露怨气、贬低生活的人相比，大家更容易被能够跳出枯燥日常的非凡女人所吸引。她们平静地面对世间的纷纷扰扰，能够清晰地理清思绪，她们身上显现一种远离尘嚣的灵气。无论是应对工作还是生活，她们都有条不紊，淡然而从容。

在 20 世纪 60 年代的英国，有一个颇受大家喜爱的广播员。她在初入娱乐舞台的时候，希望能够成为一个电影演员，因为她觉得这样可以取得更大的成就和影响。但是，受限于自己的寻常演技，她的事业一直没有得到提升。有一次，导演和她进行沟通，问她真正的兴趣是什么。她回答说从小就想做一个播音员，导演问她为什么临时改变想当演员，她回答说演员更风光、更能得到大众的喜爱。导演听了，告诉她：“播音员同样可以得到人们喜爱，前提是你喜欢做它，而不是被表面的纷扰打乱自己真正的计划。”

她感觉导演说的很有道理，便决心回归真正属于自己的路，去尝试做一名广播员。果然，她在这一行当很快就显露出了非同一般的天赋，成了英国当时最受喜爱的播音员。那位导演的话成了她人生的指路明灯，在人世间纷纷扰扰的迷惑下，不落入庸人自扰的怪圈，执着地走自己的路，确实需要强大的内心支持。这就需要时常聆听心灵自身的愿望，坚定地做自己。只有做自己，才能拥有真正魅力的源泉。

卡耐基曾经说过："一个人最糟的是不能成为自己，不能在身体与心灵中保持自我。"很多人都有一个倾向，他们容易把自身做出的努力和他人获得的回报放大。当身边的人在某些方面做出了成绩，取得了硕果的时候，我们往往很难按捺住自己羡慕的心，很难按捺住急功近利的浮躁思想。于是，有些人就很容易陷入盲目跟风，放弃初心的错误路线中去。

但是，毕竟每一个人在性格和观念上都是一个截然不同的个体，都有自己既定的路线和应该去往的终点站。如果在行进的道路上，被途经的光怪陆离的景色所吸引而迷失了真正的路，就会陷入焦躁的心理陷阱中，浪费更多的时间和精力。淡定优雅的女人不会轻易被表面的浮华所俘虏，她们能够看清自己真正的价值，看清自身独具一格的地方。优雅的女人能够找准自己的位置，就像花丛中五彩缤纷的花朵，各自绽放自己的美，享受大自然给予的露珠和阳光。在那里，没有互相攀比，没有互相嫉妒，只有对生活的本身的享受。

路上只我一个人，背着手踱着。这一片天地好像是我的；我也像超出了平常的自己，到了另一世界里。我爱热闹，也爱冷静；爱群居，也爱独处。像今晚上，一个人在这苍茫的月下，什么都可以想，什么都可以不想，便觉是个自由的人。白天里一定要做的事，一定要说的话，现在都可不理。这是独处的妙处，我且受用这无边的荷香月色好了。……

月光如流水一般，静静地泻在这一片叶子和花上。薄薄的青雾浮起在荷塘里。叶子和花仿佛在牛乳中洗过一样；又像笼着轻纱的梦。虽然是满月，天上却有一层淡淡的云，所以不能朗照；但我以为这恰是到了好处——酣眠固不可少，小睡也别有风味的。月光是隔了树照过来的，高处丛生的灌木，落下参差的斑驳的黑影，峭愣愣如鬼一般；弯弯的杨柳的稀疏的倩影，却又像是画在荷叶上。塘中的月色并不均匀；但光与影有着和谐的旋律，如梵婀玲上奏着的名曲。

——朱自清《荷塘月色》

从这篇散文里，可以一窥朱自清平静敞亮的内心世界。他在繁重的工作之余，仍不忘记和心灵进行对话，给心灵做一做按摩。看来除了工作，人还需要有自己的精神家园，需要了解自身真正想要的东西。即使在春风得意的时候，也不妨提醒自己清醒地对待成功；而在情绪低落的时候，也能够暗暗给自己鼓劲儿，做到不抛弃、不放弃。女人先天的感性特质和细心谨慎的心理特征，让她们在面对诸事纷扰时更有可能被左思右想，患得患失，容易陷入迷茫。这就更需要女人有一颗自律的心，时刻地警醒自身的变化，切勿随波逐流。

确实，人们在这个快节奏的社会里，很难选择自己真正喜欢的工作，往往会因为当下工作的一点儿甜头而舍不得放弃既得利益。对于职场的女人，受制于社会的各种发展限制，这种取舍就难能可贵。在紧张的职场拼搏之余，女人不妨经常给心灵做一做按摩，让灵魂守住那一方净土，不再浪费感情与精力于无意义的纠结与牵绊中，不再庸人自扰，让自己更专注于心灵真正适应的那份安逸上去。

尝喜怒哀乐悲，品酸甜苦辣咸

成功的关键就是在于了解应该如何控制痛苦与快乐的力量，而不被那股力量所制约。如果你能够做到这点，那你就能把握自己的人生，反之，你的人生就无法掌握。

人有时候会被自身情绪扰乱而进入混乱期，导致凌乱地找不着北，甚至都快处于重度焦虑症的崩溃边缘，对一切都失去了目标和方向，整个人处在茫然、失落和紧张的状态下。在这种失控状态中，之前以为良好的人际关系也都忽然间脱离了，相反，还会让人体会到人情淡薄、世态炎凉。你会认为没有一个人会在意你的感受、你的想法，而大家依旧过得安然自得，甚至更好。

当你想要改变或者想学些什么时，却又发现什么都学不了，什么也改变不了。想得多却总是做得少，到最后导致自己想了一大堆，却并未付诸行动，你也要那样吗？真正幸福的女人，往往都是情绪管理的大师。接触的人越多，就越感觉这句话说得有道理。

还在怀二胎的歌手孙燕姿，突然大儿子又患上了感冒，孙燕姿竭尽全力地照顾着生病的儿子，心急如焚。生病的儿子不想吃主餐，就想吃巧克力。但巧克力和药物的疗效是有冲突的，母子俩也因为这事而起了争执。儿子看到母亲情绪很坏，就在纸条上写下了“我恨妈妈”四个字，她看了以后产生了极度失望和焦虑的情感。

她想到自己明明是为他好，可他不但不领情还“恩将仇报”。便不理智地也在条子上写道：“是吗？如果你死掉我也不会在意的。”但是殊不知这种极端的伤人话是伤人伤己的。事情结束之后她更加伤心了，自责是一个不称职的妈妈，还主动向孩子道歉。像她的这种情况，在我们的生活中确实很常见。孩子那怎么哄都哄不好的脾气确实容易让人情绪失控，甚至口不择言地说出伤害孩子的话。

在我们周围也经常发生打骂孩子的事情，有的母亲觉得孩子还小，事情过去他就会忘了。其实孩子是很敏感的，虽然小但记忆力很强，诸如此类的负面情绪积累多了就会对孩子造成深刻的心理影响。孩子个性的形成，其实就在家长的言行举止之间。如果母亲是个乐观的人，那么孩子也会形成积极的性格，如果母亲本身就有负面能量，那孩子也可能会形成这种气质。

对于我们的现状，要么去改变它，要么去接受它，抱怨多了徒然无用。女人在该做出行动的时候如果能够积极主动地选择改变，把一些不必要的东西稍做收拾，将位置适当调整调整，内心的空间也就出来了。家里整齐了，心情也跟着舒畅了。这么一举多得的事情，女人应该尝试多做。

这几天朋友琼琼成功地做了一个大订单，高兴地带着一干好友出去庆功。琼琼的人缘很好，一呼百应，这主要源于她良好的心态和对朋友的真诚。她从不对任何人发脾气，也不会抱怨任何一件事。无论对什么人、什么事她都能保持淡然而平和的态度，即使是因为别人的缘故让自己蒙受损失了，她通常也是一笑而过。

那晚聚餐的时候，因为饭店里人来人往，一位传菜员不小心一晃，把菜汁洒到了琼琼的身上。当时她的朋友就对着传菜员吼叫，琼琼赶紧说："不要紧的，刚才是我走得太快了，不是她的错。"然后就上附近的一个小店买了个衬衫换上，然后跟没事似的回来继续和大家喝酒聊天了。

有个朋友对她说："你脾气太好了，如果是我的话肯定要他们赔。"琼琼说："何必生气呢，生出的气最终还是反过来自己受着，自己让自己难受，再说你看，我还因此换了身新衣服，是不是比以前更好看了。"琼琼就是这样一个事事都往好处看，乐观豁达、心平气和的姑娘，她也给周围的人也带去了正能量和快乐。

无限地控制自身的情绪可能对有的人来说会有一些困难，因为有时候很多人都没法确切地描述自己的情绪。小时候常被父母要求不许哭的人，或是经常压抑内心情绪的人，就可能没办法准确地说出自己的情绪。你问他们有什么感受，他们都觉得难以回答，经常会把感受说成了想法。所以女人应该试试找回与身体的连接，更多地去感受这个世界。

朋友阿紫三年前诞下了一对可爱的双胞胎，但是查出都有一些先天性的缺陷，于是两个小孩的身体都不是那么好，经常有些小病什么的。为了更专心地照顾孩子，阿紫便辞去工作做了一名全职妈妈。但是她丈夫一个人赚钱养活一家人确实有点儿困难，再加上时不时地要给两个孩子看病，一段时间甚至要靠透支信用卡度日。

琼琼也感受着巨大的心理压力，有时候家人入睡了她还在被窝里淌眼泪。但是到了第二天，她还是朝气蓬勃地用微笑迎接每一个人。有很多朋友知道琼琼的困难后，都纷纷来看望她，帮她疏导情绪。但是她只是从容地笑笑说："现在谁的压力不大呢，我们能够支撑下去就已经是一种幸福了，说明老天爷还给我们向往明天的机会。我也不会让坏的心情占领自己的心，那只能让所有我爱的人受到折磨。"

女人应该打开自己的心门，学会整理自己的情绪和思绪，使沉重的心轻松释然，使凌乱的豁然开朗，使难过的渐渐离远。整理后，女人就会变得简单、敞亮、通透。女人应该知道心也有它的空间和存盘，没有理由让它沉重超载。只有放进去的是简单、自然和纯真，才能使心胸更平和、更踏实、更安然。

A CALM WOMAN IS THE MOST ELEGANT

第六章

生活纵然惨淡，不妨甜美微笑

生活是苦乐交织、五味杂陈的综合体，它是需要女人耐心去经营的。长相厮守是一种考验，考验的是女人能否面对那种常常有些不堪的人生现实，能否平心静气地去处理那些枯燥琐事。

相信美好未来，树立坚定信念

人生真奇妙啊，当你相信美好的时候，就容易遇到美好，走上康庄大道；反之，则可能遭遇的尽是坑坑洼洼，或者在羊肠小道里迷失。

向往美好是一种积极的心态。每天欣喜地迎接太阳，迎接清晨的阳光，伴随着旧年的离开，迎来了充满希望的新一年。伴随着渐渐成熟的自己，越发感觉时间的短暂，是时候告别浮躁、告别懈怠了，女人们的初心到底在意的是什么，对她们来说越来越重要。现在只想要些平淡的生活，却依然要用最努力的姿态，继续前行。但我已经不太在意最终的结果了，因为我相信只要一直在路上就没有到不了的远方。

一个大学的宿舍住了5个女生，其中有一个不喜欢学习，还抽烟、喝酒，甚至会在网吧里通宵。有一个文静爱学习的女生，慢慢也学会了抽烟、喝酒。而还有一个女生一直坚守做自己，即使偶尔跟她们出去玩儿，也不会因此荒废学业。

宿舍里5个女生，结局各有不同，有的半路退学，有的被骗堕胎。只有那个笃定内心信念的女生没有受到影响，她出淤泥而不染。最后，顺利毕业，找到了自己的真爱。

可见，相信美好确实是人的一种信仰，只有真心地相信美好才会愿意去恪守那份虔诚。《笑傲江湖》中的仪琳和余沧海在针对善恶的观点上也形成了强烈的对比。前者笃定相信人心的美好，而后者好像看透了人世不过是尔虞我诈、利益交换。纯粹相信别人不一定就有好的回报，但至少给自己的心打开了窗户，随时迎接美好心灵的遇见；但不相信别人，却好似给心灵蒙上了纱布，很难得到真心的交流。

为了救仪琳，令狐冲被田伯光一剑砍在肩头，仪琳感激不尽。余沧海却不以为然，冷冷说道："你跟他虽然素不相识，他可多半早就见过你的面了，否则焉有这等好心？"仪琳斩钉截铁道："不，他说从未见过我。令狐大哥绝不会对我撒谎，他决计不会！"众人为她一股纯洁的坚信之意所动，无不深信。只有余沧海心想："令狐冲这厮大胆狂妄，如此天不怕、地不怕地胡作非为，既然不是为了美色，那么定是故意去和田伯光斗上一斗，好在武林中大出风头。"

——金庸《笑傲江湖》

相信美好是一种能力。尤其是身处逆境中的时候，在恶劣环境的胁迫下，人往往容易丧失原初的那份信念，被现实所打败，从而自暴自弃地走上陌路，与理想渐行渐远。电影《幸福终点站》就刻画了一位无论面对着什么样的困境，都恪守着内心对美好的向往的男主角，他坚定的信仰让观众看了也无不动容。

故事设定在二十世纪八九十年代，维克多·纳沃斯基来自东欧国家卡科日亚，只身前往美国。当他到达终点站纽约肯尼迪机场时，被海关告知自己的国家发生了政变，自己所有的签证资料全部失效。就这样，他被扣在了肯尼迪机场——回不去、进不来，成了一个"无法接受的人"。国际候机厅，成了唯一能容纳他的场所。他恐慌、无助、不知所措，在偌大的候机厅里四处张望、到处乱跑、大喊大叫。

机场官员弗兰克处在升迁的关键期，看到维克多整天穿着睡衣在候机厅四处游荡，实在碍眼，于是决定用计扫清这个障碍。

弗兰克告诉维克多，机场警卫在某个时间点无人值守，只要他跨出那道门就自由了。弗兰克的如意算盘是：一旦维克多跨出那道门，他就立刻叫人报警，将这个烫手的山芋转移给美国警察局。维克多信以为真，当他即将跨过那道门时，却发现弗兰克在用摄像头监视自己。就这样，维克多愣是没有上当。在机场的日子里，他用自己对美好的信念工作、挣钱、交友，甚至还找到了真爱。九个月后，战争结束了，维克多可以回家了。回家之前，维克多还是想先去纽约实现父亲的遗愿，却遭到刚刚升迁的弗兰克的再次刁难。在那几位狐朋狗友的帮助下，维克多终于迈过了那道门！

也许我们常常会突然觉得很无奈、无助，但只能继续过自己的生活，万般愁苦，独自承受。心若不动，风又奈何。过好每一个清晨、每一个傍晚、每一个月初、每一个年末。在夏雨秋凉的四季轮回中，细数云淡风轻的日子。无论世事如何变迁，只要相信美好，就会看见美好。

相信美好的女人总是带着一种对生活热情似火的态度，她们的身上自带一种令人着迷的气质，让人们不由自主地就聚拢在她的周围，就像围绕在希望女神的身边一样。她能给黑夜带来光明，给绝望带来生机，即使是在困境中，也能让人感觉到必胜的信念。就让这种信仰变成我们的精神食粮吧。

“小确幸”添情调，微幸福多意趣

“小确幸”，也就是微小而确实的幸福。对大部分人来说，时不时的“小确幸”可以给人们带来惊喜，或者是愉悦。每天走过花团锦簇的街道，欣赏着眼前的灿烂，嗅着夹杂着泥土芬芳的花香，那就是人间的“小确幸”，一种无法用文字或图片分享的幸福，自给自足的幸福。它们能给表面枯燥无味的生活点缀上靓丽的彩妆。

“小确幸”也被称为微幸福，它是一种对日常生活中微妙动机的敏锐感触，只有满怀生活旨趣的人才能经常在身边发现这些意趣盎然的小情节。女人尤其擅长发现自己的“小确幸”，她们能敏感地觉察到生活中哪怕最细微的变化，并满足于和它们之间的充满生趣的互动中。善于捕捉和享受生活中的“小确幸”，无疑可以让日常生活增光添彩。

最近很喜欢的一个词：“小确幸”。是指生活中那些“微小而又确切的幸福”。这是村上春树大人发明的一个词语。如果你的幸福感没有那么强烈。那么就请让这些美好的“小确幸”温暖彼此的生活吧。

换了新香氛的香体乳。冲完凉然后慢慢擦、慢慢擦。全身布满玉兰花香软绵绵的味道，是我微小而又确切的幸福。终于狠下心买下喜欢很久很久很贵狠贵的围巾，是我微小而又确切的幸福。收到寄来最新期的《POPTEEN》和《AGEHA》，看到舟山久美子和美唏新照片华丽丽，是我微小而又确切的幸福。我把牧野由依的《轻飘飘》设置成你的来电铃声，只属于你的，每当手机响起这首歌，是我微小而又确切的幸福。每天跟妈妈通电话，听到她的声音，听到她讲生活的琐碎，是我微小而又确切的幸福。凌晨三点，输液室，体温40℃，你走很远很远买麦丽素给我吃，是我微小而又确切的幸福。

——村上春树《格兰汉斯岛的午后》

每个人都有自己的小确幸，在辛苦的工作之余，在照顾孩子劳顿的歇息片刻，都不妨找一找身边的一些微幸福。甚至是童年时自己跟自己玩儿的幼稚游戏，也可以故伎重演地自娱自乐一把，玩儿完了也可以自对自地会心微笑。这种完全不带目的性的乐享心态可以让人达到一种完全放松的状态，让身心彻底休息。

我们的社区里有个手艺人叫老王，他身体有残疾，会一手修鞋的绝活儿。他的老婆也没有固定职业，只能靠拾荒赚点儿小钱贴补一下家用。但老王好像并不焦虑，仿佛天天都有让他快乐的事情。包括：老婆又多捡了点儿值钱东西，自己修好了一双不太好修补的鞋，社区的居民朋友送他点儿不用的小东西等。这些小幸福也许别人看不上眼，可他却是特别享受这些快乐瞬间，总是乐此不疲地哼着老家的调子，好像他就是全世界最幸福的人。

世界上形形色色的人，有呼风唤雨的富人、有权势的人，也有平常无奇的平头老百姓。后者无疑是占了大多数，默默无闻的人更容易感受生活中的“小确幸”。因为他们的日子是稳定而淡然的，他们不需要那种大富大贵的刺激生活。只要能够从容接受这种岁月静好的状态，就强过那些看起来风光无限的幸福。从我们身边就可以无时无刻不发现那些乐得享受自己小确幸的人，就像鞋匠老王那样，他们有着自己超高的幸福指数。

其一：夏七月，赤日停天，亦无风，亦无云；前后庭赫然如洪炉，无一鸟敢来飞。汗出遍身，纵横成渠。置饭于前，不可得吃。呼簟欲卧地上，则地湿如膏，苍蝇又来缘颈附鼻，驱之不去。正莫可如何，忽然大黑车轴，疾澍澎湃之声，如数百万金鼓。檐溜浩於瀑布。身汗顿收，地燥如扫，苍蝇尽去，饭便得吃。不亦快哉！

其三：空斋独坐，正思夜来床头鼠耗可恼，不知其戛戛者是损我何器，嗤嗤者是裂我何书。中心回惑，其理莫措，忽见一狻猫，注目摇尾，似有所瞷。敛声屏息，少复待之，则疾趋如风，唧然一声。而此物竟去矣。不亦快哉！

其廿三：久欲觅别居与友人共住，而苦无善地。忽一人传来云有屋不多，可十余间，而门临大河，嘉树葱然。便与此人共吃饭毕，试走看之，都未知屋如何。入门先见空地一片，大可六七亩许，异日瓜菜不足复虑。不亦快哉！

——金圣叹《不亦快哉》

追求人生的快乐是所有人的生活目标，快乐的程度大小可能各不相同，但乐享这种快乐的心态却无甚区别。大一些的快乐让人惬意，小一点儿的快乐也不会差强人意。遇到了性情相投的老朋友，在一起谈天说地、谈笑风生不亦乐乎，喝点儿二锅头，吃着花生米都可以一醉方休、尽兴而归；那刚从田里收获完粮食的老翁所享受的快乐之情也毫不逊色于大鱼大肉享受着的富豪。

毕淑敏曾经说过：“幸福是梯形的切面，它可以扩大也可以缩小，就看你是否珍惜。”关键在于你是否有敏锐和善于观察的双眼，只要你凝神去考察，一定能够找到遍布生活角落的“小确幸”。周末的时候突然有一个朋友来看你，还带了你爱吃的水果；在房间里用音箱单曲循环播放自己爱听的音乐；下雨的夜晚，躺在床上看书，看着看着睡着了。你看，即使是一个人，也可以拥有这么多的微幸福。

它们都是生活中小小的幸运与快乐，是流淌在每个瞬间稍纵即逝的美好。尽管大多数人都有着各式各样生活的压力，但总有一些瞬间让你的天空不自觉明媚起来，其他事物也跟着一并美好起来。微幸福其实更多的是内心的宽容和满足，是对生活的感恩和珍惜。用心去感受，你会发现，原来还有一种幸福叫微幸福。

珍惜最好年华，勿要害怕“折腾”

传统的思维观念常认为女人应更多地享受生活的安逸，静静地做个美少女，生活静好，无须太折腾自己。而在当下，社会的发展节奏要求女人也参与到“折腾”的行列中来。但是折腾本身并不是目的，真正的目的是为了不让女人的年华空度，是为了更充分地施展她们的才华和价值。而中国女人在社会与劳动参与度上，俨然已经走到了世界的前列。

美国国家统计局针对各国男人和女人的社会劳动参与度的调查显示，中国女性的参与度达到了70%，遥遥领先于世界各国。确实，中国女人历来都是勤快而任劳任怨的，她们无私地照顾家庭、照顾父母、照顾孩子，愿意为了所爱的人付出自己的全部身心。她们是操劳的，也是伟大的，她们没有让自己放纵于青春年华里，而是认真踏实地、不辞辛劳地“折腾”。

勤劳而肯干的女人是充满魅力的。赵丽颖作为知名演员，并不因为自身的名气而要求任何特殊待遇。即使是拍武打戏，她也亲自上阵，甚至因此而受到皮外伤，还留下了伤疤。但是她毫不为此而抱怨什么，尽管那些伤疤非常影响女演员都特别在乎的形象美。她便在需要穿露背装的时候用贴纸来进行遮掩，尽显职业精神。大家纷纷为此给她点赞，她的粉丝们对她的肯定只有一小部分是来自对外形的喜爱，绝大部分是对她身为小清新而不怕“折腾”的可贵且可爱的品质。

在赵丽颖的大好年华里，她没有在成名后躺在温柔乡里坐享其成。而是选择继续拼搏和努力，力求不负韶华，充实自己的事业和生命。另一个典型，就是美国总统的女儿伊万卡，作为集万千宠爱于一身的白富美，她没有选择在富贵乡里安然享受，而是努力拼搏，在她最好的年华里为了理想和兴趣而“折腾”着。

伊万卡小时候就比较早熟，因为家庭的情感变故，她的思想开化得也很早，再加上父亲的社会背景，所以她对一些事情早就有了自己的理解。她的父亲也非常严格地要求她，在她很小的时候就要求她自己挣零花钱。而她也很早就展露出了自己的商业天分，青少年时期就通过各种渠道赚了很多钱。而且，她不满足于仅仅在商界小试牛刀，她还严格要求自己，通过努力进入沃顿商学院，并以全A的优秀成绩毕业。连这样的集智慧、美貌、家境于一体的优秀女性，都不断地要求自己进步，不断地努力奋斗，我们还有什么理由不在最好的年华里努力一下呢？

女人为什么要冲破传统思想的模式，自己去努力和拼搏呢？答案有很多：它可以给你为父母带来更多关照的能力，它可以让你不考虑对方经济因素而投入更加纯粹的感情。最重要的，它可以让你成就一个最好的自己，它可以让你自己的潜力得到充分施展，让自己不会在年老以后为年华虚度而徒然悲伤。虽然人的将来是未知的，但只要通过不懈努力，岁月就总会给予你丰厚的馈赠。

前一段时间，电视剧《都挺好》播出并得到了观众的普遍认可。而其中女主角苏明玉的扮演者姚晨，更是凭其精湛的演技而获得观众肯定，迎来了她的再度绽放。因此有的人就非常羡慕姚晨，羡慕她有个好运气，可以轻松地收获名利。而事实上，仔细看看姚晨的事业之路，其实并非是一帆风顺的。在她取得成功之前，付出了常人难以想象的努力。在一次采访活动中，她就曾面对媒体饱含热泪地描述自己因为生育而经历的事业低谷。演员这个职业的特殊性，让她在生育期间错过了非常多的机会。因此让她一度在荧幕上消失，等到几年之后回归舞台时，一段时间都处于因为人气不足而接不到片子的困境。

她说，活到这个年龄的时候，才明白了一个人生道理：“那就是，每个人的成功往往都只是偶然的，只有失败才是人生的常态。”人在不能完全掌控自己的时候，必须先做好自己，只有脚踏实地去奋斗，才有可能获得成功的机会。她曾因为外部因素的影响而徘徊于边缘，如今的姚晨，又通过自己的努力和奋斗精神重新回到人们的眼前，开始了她的新旅程。她的事例也激励着女人们从容面对人生的起起伏伏，并不懈奋斗着，在最好的年华里勇气十足地去“折腾”。

因此常常有人这么说：女人不要用带孩子为理由而轻易放弃自身梦想。因为，等到孩子长大了，他想看到的是一个神采奕奕、充满精气神的妈妈，而不是一个油腻的全职妇女。妈妈并不只是做饭、洗衣的保姆，而是要成为以身作则的精神图腾。虽然不是每个人都能像明星那样在打拼过程中赚很多钱，但那至少是对生命的热情的态度。反过来，你的付出也会在各个方面给你反馈精神的支撑，丈夫的肯定、家人的赞许、朋友的佩服，都可以让女人获得惬意的享受。

无论女人能创造多少价值，她都至少在这个过程中体现了一种自强不息的气质，至少为自己赢得了理所应当的社会地位。但是，归根结底，人总还是为自己而活的。不负年华是男女通用的，为了在年老力衰时能多一些回忆，能够不至于后悔莫及，女人就不要怕在最好的年华里折腾，为了人生，恣意折腾吧！

世界本就坚硬，放柔身段腾挪

大智若愚是一种大智慧，它可以让自身在并不友好的环境里如鱼得水、游刃有余。这个世界竞争大激烈，硬邦邦地不好硬碰，不若将身段放柔软。以低调的态度四两拨千斤，进可施展才华，退可独善其身。这点对女人尤为重要，因为她们的性别特质更适合以轻柔飘逸的身型遨游于世间，活出女人的优雅。

与低调的人共处是一种怎样的体验？真正的低调并非刻意装深沉，或是自闭、孤僻；其实恰恰相反，低调的人往往待人谦和有礼，既不居高自傲也不会曲意奉承，他们与人相处时往往能够给人恰到好处的亲切体验。有的女人长相清秀而甜美，初与之相处时会觉得她们性格有些内向甚至孤僻，熟悉之后才会明白，她们内向的显现只是低调做人的一种态度而已。她们不会因受到夸奖而扬扬得意，也不因遭到排挤而郁郁寡欢。只是默默坚守着自已的心，不因为外界的肆意侵扰而凌乱自我。

民间流传着英国女王维多利亚和她的老公阿尔伯特公爵的趣闻逸事，其中有一个关于开门的故事：有一次，维多利亚女王因为白天工作很繁忙，一直到很晚才回家，当她疲惫地往卧室走的时候，却发现门是反锁着的，便抬起手来敲门。

卧室里的阿尔伯特公爵明知故问地说道："谁在外面？"维多利亚女王不耐烦地回答："快开门啊，除了维多利亚女王还会是谁？"可是，屋里半天也没动静。女王接着敲门，阿尔伯特公爵又问："你到底是谁？"女王依然高姿态地回答道："我是维多利亚！"可是，又等了半天，卧室里还是没什么动静。维多利亚只好又敲门，这次声音轻柔了许多。"谁呀？"里面又问。这次，女王不再骄横，只是柔声回答道："我是你的妻子，给我开门好吗，阿尔伯特？"话音刚落下，房门便打开了。

从这个故事可以看到，即使是贵为女王的维多利亚，她也要放低姿态来对待亲人。的确，谁愿意听别人的颐指气使呢？不管你处于什么样的地位，有着什么样的身份，在和他人的交流中低调而亲切的态度总能获得较好的反馈。尤其在这僵硬的世界里，人与人之间矛盾重重、竞争激烈，你若能展现温柔的一面，那么必起到意想不到的效果。

一条令人惊诧的朋友圈引发了朋友们之间的热议。那条朋友圈是大家共同的好友小莫发的，她在上面写道：“年底我就要去德国留学了，朋友们赶快点赞吧。”她发出的自拍照洋溢着青春和希望，神采奕奕地憧憬着美好。令人惊诧是因为丝毫没有预兆，平时小莫和朋友们出去聚会聊天的时候从不说关于留学深造的事情，也没有透露过关于将来的宏大计划，只是轻轻松松地和大家谈天说地，大家也喜欢和她说话。

一个朋友在群里说道：“小莫怎么就突然不声不响地拿到留学资格了呢，这也太快了，难道是撞大运吗？”另一位知情的小莫密友说道：“小莫只是嘴上没有说而已，自己都努力了大半年呢！”确实在大家的印象里小莫是个十分低调的姑娘。在聚会这个常被用来吹嘘自我的场合里，她从不说自己的事，也不太在别人说话的时候擅自插话，只喜欢静静地听别人说。当朋友们问她对某件事的看法时，她只是淡淡地笑着说：“应该还好吧。”朋友们以为她什么都不懂，而事实上越是有能力的人越不屑于展示自己，就像一样默默散发她的芬芳。

“低调是为了生活在自己的世界里，高调是为了生活在别人的世界里”，这句话细思之颇有哲理。女人在经历一定人生世事以后，会对人和事的态度发生很大的转变，内在的原因就是上面这句话所蕴含的道理。对世界看得通透的女人就不会那么在乎别人的眼光和意见，而是回归自己内心的感受，在坚硬的世界里从容地做柔软的自己。

柔软低调的女人普遍都有好运气，在职场中打拼的刘姐就是如此。她工作的时候不急不躁、按部就班，休息的时候就在办公室品着咖啡、养养花草，以至于公司的同事都觉得刘姐挺闲的，是一个胸无大志的闲人。新来的小张因为同事们对刘姐的普遍看法，所以也对她形成了这种刻板印象。

而一次工作合作改变了小张的观点。领导安排小张跟刘姐去处理一个比较棘手的合同，小张有些不情愿，心想派一个闲人和自己一起合作，根本指望不上她。但令人没有想到的是，在谈判桌上刘姐仿佛变了一个人，她口吐莲花、引经据典，让对方团队心服口服，不仅顺利达成了既定目标，还超额追加了一批订单，这表现让小张由衷地感到佩服。

小张事后表达了对刘姐的钦佩之情和之前抱有的刻板印象的歉意。刘姐笑着说："这些我都知道，只是觉得没有必要去刻意表达什么，因为工作不是做给人看的，有需要的时候能出面解决问题才是根本。"小张明白了，他懂得了低调女人的真正实力，她们在人前不显山不露水，背后却默默努力地自我提升着。她们懂得自己和他人切实需要的是什么，不去随意惊扰他人的同时还会适时地绽放自己、芳香四周。

这个世界有些坚硬，但它的紧张特征并不能完全决定我们对待生活的态度。尤其对于女人来说，不妨从容自如地展现女人独有的柔软、灵动的姿态，以低调而优雅的态度去面对那粗放的环境和氛围。以柔克刚正是女性的独门绝技，应对横冲直撞的冷漠世界，她们宛如游龙般闪躲腾挪、全身而退，这潇洒的景致好不令人惊艳！

纵是兵荒马乱，生命依旧精彩

尼采说："任何不能杀死你的，都会使你更强大。"巴尔扎克对困境也有他的理解："困境是珍贵的赐予，它是天才的晋身之阶，是信徒的洗礼之水，是能人的无价之宝，同时也是弱者的无底之渊。"生活不会一帆风顺，越是兵荒马乱，越要活得漂亮。因为恰恰是逆境才最能考验一个人的心性，最能体现一个人心灵的价值。

逆境带来的不全是负面因素，一定程度的负面影响会帮助有机体完善功能，适应环境。我们就拿植物的生长来说，都知道温室里的花朵不会长得健壮，但如果整天暴露在恶劣的天气环境中，没准风一大就连根拔起，或者长时间的干旱会让植物彻底枯萎。只有适度的风吹日晒，植物才能成长得更结实。

女人在面对人生的逆境时，应常常保持微笑的心。作为大千世界里挣扎过活的凡人们，不如意的地方更是天天都会遇到。而用不同的心态去应对，都会有不同的心理呈现。有那么一个故事鲜明地体现了心灵的对精神的影响：

盛夏的一天，一个小姑娘站在窗口往外看，虽然风景如画，场面却令人黯然神伤。原来她看到有个小男孩儿正在埋葬他的心爱的宠物猫咪，小男孩儿一边掩埋它一边流泪，引得这个小姑娘的心情也低落万分，跟着心痛不已。这时，小姑娘的妈妈看到女儿在伤心，便赶紧把她拉过来，并把她带到了另一个窗子旁边。小女孩儿再从这边的窗口往外望去，只见满园的花朵争奇斗艳，一幅欣欣向荣的景象。立刻，小姑娘的心情也敞亮了起来。妈妈笑着对她说："你看到的东西取决于你开启的窗户。"

女人在一生之中，从开始到结束都会面临无数的困境，有时我们会觉得自己的经历别人无法理解。所以女人的经历似乎都没有什么可比性，然而又似曾相识。灾祸、疾病、意外我们都不想遇到，却又无法预测。就像有人曾坚决地说长大不做医生或老师，却偏偏因为迎来职业的困境而做了一名牙医；又比如有人曾说第一次恋爱若失败就不结婚了，而却接着迎来婚姻的困境，不仅结婚了而且又离了婚。逆境在人生中似乎如影随形、无法躲避。

一次参加一个户外远足旅游团，小孟的亲身体会揭示了一些关于困境与人性的启示。这次远足主要是爬山，刚开始的时候，大家体力充足，开心地互相帮助、互相提携。其中，有一个开朗外向的男生，他身上背着个包，手里还拿着一个沉甸甸的袋子。虽然带着不轻的辎重，但他还是热情地一路上照顾着走在后面的同学，俨然是他们班级的家长一样。小孟团队都是中年人，不禁感叹年轻人的互助意识。

可是，有些人的真性情只能在逆境中才能显现出来，当队伍渐渐来到山腰的时候，大家的体力到达了瓶颈。这时，那个男生突然变了一副面孔，黑着脸，不再活泼地招呼别人，甚至还抱怨一个女同学带那么重的东西。起初的好意在身体疲惫后变成了现实的沉重，为了面子而坚持，还免不了将情绪通过愤怒的方式发泄了出来。这时，一位一直默默无闻的男生快步赶了上来，接过了他的沉甸甸的袋子，还拍拍他的肩膀安慰他，说："加把劲儿，就快到了！"确实，逆境显人心。

越是在逆境中越能看出一个人的内在，就像有人认为，如果要想考验伴侣的人品，就不妨带他去远游。当人处在困境中时，眼目里往往就只有自己的难处，容易把视角局限在自我身上。而优雅从容的女人则不会，她们越是在兵荒马乱的困难环境下，越能够淡定地面对一切不堪，漂漂亮亮地活出自己。

有时候，人们在那些困境里打转，弄得满身泥泞、灰头土脸。就好像蛹在茧里不断地蠕动和寻求突破，最后终于见到蓝天，展开翅膀飞行！然而破茧成蝶的华丽转身并不是努力的完结，头顶的天空会有电闪雷鸣，眼前的航道会有狂风暴雨。但是经历了重生的人，便更明白死亡的意义，更知道困境乃是一把钥匙或是一道门，把它打开之后的天地是一个崭新的世界，这时的困境便不再意味着疼痛和畏惧，而是新的生机。

人最宝贵的东西是生命，生命属于人只有一次。

一个人的一生应该是这样度过的：当他回首往事的时候，他不会因为虚度年华而悔恨，也不会因为碌碌无为而羞耻。

钢是在烈火里燃烧、高度冷却中炼成的，因此它很坚固。我们这一代人也是在斗争中和艰苦考验中锻炼出来的，并且学会了在生活中从不灰心丧气。

哪怕，生活无法忍受也要坚持下去，这样的生活才有可能变得有价值。

要抓紧时间赶快生活，因为一场莫名其妙的疾病，或者一个意外的悲惨事件，都会使生命中断。

——奥斯特洛夫斯基《钢铁是怎样炼成的》

有时候，人们为了炫耀自己的了不起而刻意把困难和挑战放大成山一样，扛在自己肩上。但事实上这座山有可能挡住了新生的路，遮掩了前路的璀璨星光。当自己满眼都是黑暗的时候，看不见光也看不见自己。而现实中来自不完美的生活的困境，即使再棘手，也不会如连绵的大山般压倒我们，它们都会被希望碾碎成尘埃并被铺在路上，让我举目观看璀璨的星空，那满目的星光宛如同幸福的泪光。

每一个生命来临时都会带来希望，然而出生的喜悦过后，所面临的各种困境使我们的喜悦一扫而空。各种磨砺就有如大山小山，跨过了就可以短暂的舒口气，而猛一抬头又是另一座山，一直要不停地努力和翻越直到生命的终点。我们不知道尽头之后是否是乐园，所以只会觉得在世的无奈，并发出一种质疑，即使走过诸多困境以后我们也不能享受这人生？从容淡定的女人不会如此质疑，她们只积极调整自己的眼光和心态，在逆境中享受靓丽人生。生活再丑，也不妨碍她们绽放美丽的笑容。

A CALM WOMAN IS THE MOST ELEGANT

第七章

云淡风轻地活，从容走出困境

无论是大人物还是小人物，生活都不可能是一帆风顺的，都难免要经历起起落落。面对困境的时候，实际上也就是考验人能不能云淡风轻地分析和处理问题并渡过难关的时刻。亲爱的女孩儿，你能放松心态积极面对生活的困境吗？

纵然本性脆弱，内心必须坚强

女人本有一颗水晶般晶莹剔透的心，它纯洁而脆弱，在经历了风雨的打击以后为了生存不得不变得坚强。女人不是生下来就有强大的内心，是遭受的委屈、遇见的迷惑无援和经历挫折坎坷让她们逐渐地成长起来。可是，局外人对看起来坚强的女性除了钦佩以外，又能有多少的理解呢?

女人的坚强有时是无奈之举，她们要壮着胆子一个人走夜路，受了委屈要一个人默默地擦眼泪，有了痛苦也要埋在心里，跌倒了要一个人爬起来。总之要自己一个人去承担世界所有的苦和痛。可是没有一个女人从内心里喜欢这种孤独的坚强，她们只是逼自己坚强起来，把脆弱一面深深地藏在心底。

前些日子和一位故友见面吃饭。从她微信朋友圈的状态看，她的生活有滋有味，刚刚带领团队完成了一个项目后又去国外参加展会。我笑着夸赞她有能力，成绩配得上她的努力。没料到她突然沉默了，过了半晌竟然哭了起来。我没想到这样一个表面坚强的女强人竟然会哭。过了一会儿，她稍稍平复后才将自己的近期拼搏之苦倾诉出来。

最近一段日子，她其实忙得不可开交，一方面公司突然新增重大项目，让她带领团队搞突击；另一方面刚两岁的女儿又突然生了病，老公也忙工作回不了家。新项目总是会出现各类问题，工作本身就让她焦头烂额，更不用说还要担心着家里的孩子，所以要抽空回家看看。那段时间她没日没夜地奔忙在工作和家庭之间，疲惫至极。她说："有时候在无可奈何的时候真想对着苍天大哭一场，可是那又有什么用？女人啊，不是只会撒娇耍赖，我们也能逼着自己强大起来。"

人生无常，人确实不可能总是处于开心和愉快的状态，这就要求女人应常把自己坚强的盾牌举在胸前。也只有这样，女人通过自我的激励和努力得来的幸福才有价值感。世间的女人哪有天生就强大而有毅力的，她们本是水做的骨肉，但在这矛盾的环境中她们自身也变成了矛盾体，成了脆弱与坚强的统一结合体。她们在懂得爱她们和体贴她们的人跟前会变得温柔似水，在苛刻而严厉的社会环境下则会变得坚定无比。

玲儿是一名光荣的纺织女工，二十多年前，她丈夫不小心从楼上摔了下来，一直瘫痪在家。她一个人支撑着整个家，其中的辛苦可想而知。为了这个家，她每天早出晚归。下班回家，她还要做饭、整理家务、帮丈夫洗澡。虽然生活艰难劳累，但她始终微笑、坚强地面对并一直坚持着不离不弃，邻居们对此赞不绝口。

更难能可贵的是，玲儿还从不缺勤，车间里哪里有需要她就出现在哪里，见事做事、手脚勤快。担任了组长后，她更加努力，带领小组创下全车间生产量最高纪录，是难得一见的坚强女人。

我曾看过这样一句话："坚强的男人可以忍受一时的苦难，而坚定的女性却可以承受一世的艰难。"女性是伟大的，她们即便在梦里偷偷地向守护天使洒下热泪，醒了以后还是可以若无其事地继续为那份忠实与责任奋斗。或许她们有时候也会在心里埋怨天使的不作为，但同时也笃定地相信一切安排都是注定的，她们愿意接受现实的命运，愿意为了自己的心去努力和拼搏！

唉，我青年时代的女友已经离开人间，啊，我与她曾经相识！我真想说：你是傻瓜！你在寻找人世间无法找到的东西！但是我曾拥有过她，我曾感到过她那颗心，那个伟大的灵魂，只要有她在，我就觉得比我实际的境界高出了许多，因为凡是我能做到的一切，我都达到了。仁慈的上帝！难道那时我灵魂中还有一丝精力未曾使用？在她面前难道我不能抒发我的心用以拥抱大自然的全部奇妙的感情？我们的交往中难道不是持续不断地织进了最纤细的感情、最敏锐的睿智，直至妙趣横生的谐谑和胡闹？这一切不全都打上了天才的印记？而如今！——啊，岁月，她长我的几年岁月，竟将她先于我带进了坟墓。我永远忘不了她，永远忘不了她那坚定的意志和她非凡的宽容。

——歌德《少年维特之烦恼》

不要以为坚定的女人就缺少敏感的内心，她们往往就是因为内涵的深厚才支撑着自身的坚强。她们也许会对你说的某句话和做的某个眼神而让她们感受颇深。

然而，一旦一个女人对某个人、某件事下定决心，那可能意味着一生的守候。外人在表面上可能还察觉不到，可她已经开始默默地在心里坚守了。她坚持的也许是一个信念，或者就是一种感觉，甚至坚持的只是坚持本身。也许你感觉这样的女人有些执拗，但这正是女人的本色，她们为了生活而坚定地走自己想要的那条路，这条路既幸福也平淡。

其实，坚定的女人归根结底是由内心的爱来支撑着的。因为女人有着纯真而执着的爱，她们才会义无反顾地投入那漫漫旅程。坚强的女人同样也可以是优雅的，她们有坚定的目标同样风轻云淡，她们懂得尽人事、听天命的道理。努力但不强求，是她们处世哲学。

抱怨无济于事，人生谁不坎坷

人生总是充满了各类坑坑洼洼的坎坷，豁达的人淡定、从容地面对任何压力和挑战，狭隘的人则把任何不顺心看成是命运的不济，睚眦必报。女人们，尤其是中国女性的坚忍与耐心，让她们常常可以更加乐观地面对人生的困境，更有勇气地向自己的前路迈进。

心理学分析：“当某个人习惯于抱怨周围的人和事的时候，在超过一定程度和界限的时候，往往会对自身产生反作用力，生出更深的怨气。”人对外界发出的任何情绪都会一定程度地反作用于自身，仿佛是一种心理暗示，你赞扬别人的时候自己好像也被称赞了，你抱怨别人的时候则好像自己也在挨骂。积极的女人很少抱怨，她们将人生带给自己的那点儿不幸都看作是成长的必经之路，她们淡定优雅地对待生活，这些女人往往神态可人、步履轻盈。

朋友圈慢慢成了各种炫耀与怨气发泄的场所，一个叫小霞的女人最近晒出了她离婚的消息。朋友们对此结果并不惊讶，这件事似乎早就有预示。因为小霞是个公认的非常爱抱怨的女人，每天她丈夫回到家中，都要听小霞抱怨各种事情。

小霞的丈夫是一位项目主管，在公司要应对各种各样的麻烦纠葛。结果好不容易抽身回到家里，又听小霞抱怨他工资不高、没时间辅导孩子、没空陪自己等等。所有人都看得出来，小霞的丈夫忍得了一时忍不了一世，早晚会有走到崩溃的那一刻。毕竟大家都是有血有肉的人，先不说事情谁对谁错，抱怨本身就是很让人厌恶的事情。朋友们打电话安慰小霞时，她又喋喋不休地抱怨起来，朋友们也都不约而同地找个借口挂断了电话。

小霞问题的根源在于她忘记除关注自身的状况以外还要多考虑他人的感受。她肆无忌惮地向老公抱怨，分明就是把自身摆在了最重要的地位，仿佛这个世界要围绕着她转，仿佛大家都欠她的。

小霞从未对自身的行为进行过反思，她觉得这都是理所当然的。常常抱怨的女人觉得自己应该得到更多，而忽略了对客观现实的考虑与分析。而那些常常微笑对待人生且很少抱怨别人的女人往往都离幸福很近。因为她们知道，抱怨会让人更多地对自身状况产生更大的不满，只会让事情变得更糟。

一开始，当她把这些事讲给别人听时，得到的是别人的安慰与同情，可是她反反复复地讲，不停地抱怨自己命苦，见人就说“我真傻，真的……”渐渐地，没有人愿意听她讲话，甚至开始疏远她，不喜欢她了。被抱怨缠绕的人，只能被负能量重重包围着，慢慢地影响到自己的信心和活力，从而影响到自己的生活。自然也会离幸福越来越远。

她就只是反复地向人说她悲惨的故事，常常引住了三五个人来听她。但不久，大家也都听得纯熟了，便是最慈悲的念佛的老太太们，眼里也再不见有一点泪的痕迹。后来全镇的人们几乎都能背诵她的话，一听到就烦厌得头痛。“我真傻，真的，”她开首说。“是的，你是单知道雪天野兽在深山里没有食吃，才会到村里来的。”他们立即打断她的话，走开去了。

她张着口怔怔地站着，直着眼睛看他们，接着也就走了，似乎自己也觉得没趣。但她还妄想，希图从别的事，如小篮，豆，别人的孩子上，引出她的阿毛的故事来。倘一看见两三岁的小孩子，她就说：“唉唉，我们的阿毛如果还在，也就有这么大了……”

……她未必知道她的悲哀经大家咀嚼赏鉴了许多天，早已成为渣滓，只值得烦厌和唾弃；但从人们的笑影上，也仿佛觉得这又冷又尖，自己再没有开口的必要了。她单是一瞥他们，并不回答一句话。

——鲁迅《祝福》

抱怨从来不是讨人喜欢的行为，坚忍的女性总是让人刮目相看的，而自身遭受磨难又能给他人带来爱的女性，则更加美丽。《红楼梦》里平儿的善是深入人心的，她对任何人都可以无条件地去爱。她用坚忍的毅力在并不友好的夹缝氛围里生存着，将自身受到的委屈反过来转化为爱奉献给周围，最终赢得了所有人的尊重。

宝玉暗自说道：“思平儿并无父母兄弟姊妹，独自一人，供应贾琏夫妇二人。贾琏之俗，凤姐之威，她竟能周全妥帖。”

那妇人道：“她死了，你倒是把平儿扶了正，只怕还好些。”贾琏道：“如今连平儿她也不叫我沾一沾了，平儿也是一肚子委屈不敢说，我命里怎么就该犯了‘夜叉星’。”凤姐听了，气得浑身乱战，又听他俩都赞平儿，便疑平儿素日背地里自然也有愤怨语了，那酒越发涌了上来，也并不忖夺，回身把平儿先打了两下。……说着又把平儿打几下，打的平儿有冤无处诉，只气得干哭，骂道："你们做这些没脸的事，好好的又拉上我做什么！"

——曹雪芹《红楼梦》

聪明的女性很少去抱怨别人，她们善于把负面的能量转化。她们眼睛里闪烁着智慧与爱的光芒，把爱抱怨的行为看成一种可笑的事情。不爱抱怨的女性都有一种向往美好的激情，她们相信通过努力一切都会变好，她们的脸上也都刻着青春与活力的音符，让自己灵动，也让他人舒心。

徒然苦恼现事，淡然接受现实

"现实中的美，不管它的一切缺点，也不管那些缺点有多么大，总是真正美的而且能使一个健康的人完全满意的。"生活本身就是美的源泉，酸甜苦辣咸都是生活美的体现。

人生是五彩缤纷的，期间有肆虐无忌的暴风骤雨，也有绚丽多姿的雨后彩虹。丰富多彩的世界变化也让人的生命有了繁多意趣。当然，谁都希望自己的人生能够一帆风顺、万事亨通。可这只是不可能达成的美好期望，人生绝大部分时间都要在稍稍不如意中度过。而女人是不是能够淡然地面对现实，在就一定程度上决定了她是否可以远离纷繁苦恼的折磨，优雅从容地做自己。

小慧生育以后把全部精力都放在了照顾孩子上，这使得家庭的收入来源都压在了孩子的父亲身上。家庭虽小、柴米油盐，各类开销比如房租、吃喝、奶粉等汇聚起来也是个不小的数目。在重压之下的丈夫不得已跟着朋友去南方淘金，可这一走就是一年。结果有一天警察上门通知小慧，她的丈夫因为贩毒已经被逮捕归案，甚至有可能会被判处死刑。

小慧听闻这个消息后崩溃了，家里已经穷得什么都不剩。她感觉万念俱灰，甚至想到了死，可又不忍抛下孩子。好在孩子已经长大一些了，小慧可以抽出时间和精力去做一些事情来养家。虽然她受教育程度不高，但是能吃苦耐劳。朋友也纷纷帮助她，日子越来越好，她也开始了新的生活。

母性常常让女人能够在现实变故中坚强地挺立着，为了孩子，她们能够鼓足勇气去面对惨淡的现实生活。面对现实不等于被动地接受糟糕的现状，而是需要跳出当下负面的精神状态，在接受现实的同时积极地分析当前的问题，主动而努力地去做能够提升人生质量的行为。

著名节目主持人倪萍在事业如日中天的时候曾是无数观众心目中的偶像，然而在她步入中年后，却屡次遭受命运的捉弄，让她的人生步入了低谷。首先她的感情出现了问题，丈夫离开了她；其后孩子又查出患有先天性白内障，这耗去了她大半生的积蓄，她甚至一度穷困潦倒、艰难度日。

在承受了多重打击下，倪萍越来越憔悴，身材也逐渐走样。面对外界的质疑，她淡然地说："这些经历使我变得坚强，我很感谢这些苦难。"确实，外表已不是她现在真正关心的因素了，在经历了人世变故之后她的内心已经足够强大。她可以淡定从容地接受现实，不会再苦恼于无法被改变的事实。

成熟的女人更加淡定而优雅，因为人生诸多色彩、各种味道的经历让她们的心灵得到了磨炼，已经褪去了铅华的虚饰。比起自己的外表，她们更关心的是亲人的生活和孩子的健康成长。尤其在面对逆境的时候，她们甚至可以冷静应对，不再纠结于既定事实，而是积极努力地去设法改变。

事业有成的女强人爱茹刚刚和丈夫办完了离婚手续，一个人回到办公室。她打开久已不看的朋友圈，希望找个知心朋友聊聊天。但是刷了几天的朋友圈更新，发现绝大多数已被广告占领了，心情感悟的帖子都已经成了稀缺货。她又找了找好友联系人，发现自己微信好友虽多达几千人但大都限于业务往来。

费了半天劲儿，她给几个过去玩儿得比较好的同学和朋友发去了试探性的问候，结果有几个人没有回复，有几个人显示已经被拉黑，甚至还有一个返回了一条广告信息。爱茹苦笑了一下，继而又逐渐陷入了更深的孤独和沮丧的境地中。现实就像一把杀猪刀，它把曾经的美好和期许统统抹去，只留下模模糊糊的甜蜜回忆，亦真亦假、似梦似幻。就像《山河故人》这部电影里讲的："每个人只能陪你走一段路，迟早是要分开的。"

能够淡然接受现实的女人是从容而优雅的，她们已将得失、利弊都看淡了，将对自我的存在感也放在次要的位置。但她们也不会遁入空门，恰恰相反，她们更加热爱生活本身。只不过她们把普遍上对物质利益的追求转化为对精神领域的探索，她们希望家人、孩子和朋友都能幸福而愉快，她们把小爱升华为大爱，让人间充满阳光。

无力改变环境，有力改变自身

有的人认为，女人的一生有两次改变自身命运的机会，第一次是父母给的，这无法自己选择，而第二次是老公给的，自己可以选择。但是这只是老生常谈而已，只要自己愿意，每个人都可以随时改变自身命运。

有些人在处处受制于外界的时候，常常会感叹渺小的自身无法与强大的环境相抗衡。还有一些人把环境的残酷作为自身无作为的理由，认为自己努力也没有用。其实，环境对我们的影响既没有想象的那么大，人的个体能力也没有那么渺小无力。人可以通过调动主观能动性积极地改变自身，从而更加适应环境的发展和特征，让生命感受更加舒心惬意。

请看一位积极改变自己的女生的日记：今年的十一假期没有往年那么热，温度提前降了下来。整理衣物时才发现春天时入手的一件白衬衫，经过一个夏天的洗礼，自己成功瘦了十余斤，那件白衬衫竟也把我衬得年轻了好几岁。白衬衫和牛仔裤是万年标配，所以我决定去买一条牛仔裤。选了一条刚好搭配成功，但看来看去发现鞋子太职业化，还需入手一双偏休闲的鞋子，所以又去购买鞋子。我选了一双小白鞋，一身行头搭配下来，竟有点儿像《芳华》女主的原型。

于是一整天自我感觉特别好，甚至觉得投向我的目光都变多了，有种我很美的错觉。一整天一有时间就会对着镜子照，照着照着问题又来了，觉得自己的发型也配不上现在的气质来，需要去修一下，于是又去了理发店把头发打薄，剪出层次。觉得自己和《芳华》女主原型有八分像了，当然这一切只是我的错觉，但我依然愿意活在这种美好之中。因为觉得自己美，就是自信的一种表现，所以愿意让自己变得更美好，并为这种美好付出努力，往复循环人就会越变越美。

这个女生改变的不光是外形，更是通过一种意念的暗示潜移默化地改变着自我的心情。把自己的命运掌握在自己手里，在有些宿命论的人看来这可能有些可笑。女人更需要牢牢掌握自己的命运，可是随着年龄的增长，人生历练的增多，女人们容易忘记年少时的勇气和决心。有些女人爱幻想，期盼着自己能像灰姑娘一样有一双水晶鞋就可找到王子。可当真有一双水晶鞋而且也找到了王子时，如何将王妃的生活打理得顺心如意、美满幸福，却仍是需要自身的能动力量去达成的。

这世界只有自己才能救自己，其他人最多给予你安慰的力量。1985年的时候，香港有一个年纪已经36岁、刚刚离婚的女人，她的名字叫梁凤仪。在人生的中途经历了变故，这就要求她必须开始新的生活，但蓦然回首让她无所适从，她不知道前路到底应该走向何方。在抉择的岔路口上，她毅然地向命运发起挑战，从38岁才开始写小说的梁凤仪用了仅仅10年的时间就取得了别人一生都难以取得的成就。

而她的名字也似乎成了逆袭的代名词，有句俗话如此说："苦难从来就不是什么正能量的东西，千万不要感谢困难，你最应该感谢的是浴火重生后的自己。”面对无法被改变的外部环境，只要愿意勇敢地改变自身就能冲破原本已然僵化的自己，给予自己一个新的世界。前进的路上难免会遇到泥泞的道路，但这也是我们必经的成长之路。愿女人们一生果敢，披荆斩棘、不畏前路，最终成为那个最好的自己。

确实如此，在面对人生中已无法逆转的既成事实时，与其沮丧绝望地听天由命，不如打起精神再给自己一次机会。人生短短的几十年又能有几回搏呢？女人虽不用承担社会的主流责任，但毕竟还是要对自身的生命价值负责的。在险恶的环境面前裹足不前只会让自己失去很多潜在的机会，让时间和生命虚度。

一位叫小玉的女生，她的生活很令人羡慕，除了自身有着良好的经济条件以外，她的先生也是某企业高管和技术骨干，典型的“高富帅”。丈夫要经常出差，两人聚少离多。小玉为了照顾家便当了全职太太。生活的规律往往是这样的，幸福来敲门靠的是运气，而能否把幸福长留靠的却是能力。

而小玉就是这么一位既有运气又有能力的女人，她对生活本身充满了正能量，也给予了热切的希望，她把自己的生活规划得相当有条理。不管多累，她每天的生活里也不能缺少的是健身房和书房，其他闲暇的时光主要就是陪伴家人，陪三五好友小聚聊天。小玉因为某些原因，仅仅念完高中就没再上学。但每个认识她的人都会惊讶于这个事实，因为他们都觉得小玉身上有一股书卷气。

这个谜团直到一次捐书事件发生以后才被揭开，原来她家里的到处都是书。一般人怎么能够想到，这个没有教育背景的纯朴姑娘，在未成家前就已经养成了每日读书的良好习惯。小玉身上还有一个非常优秀的特质，那就是她还是一位非常优秀的聆听者。无论发生什么事情她总能从最正面的方向去开导你，让你对生活充满希望和正能量，让你对待事情时从多面去考虑。

由此可以看出，女人嫁什么样的人并不是重点和全部，就算嫁给一位王子，也不一定就能把自己变成王妃。生活过成什么样不是单看环境的质量，靠的还是自己；女人无法改变身边的人的生活状态，但最起码能改变自己生活的心态和状态，并为之投入精力和努力。女人一生中只有一种方式可以决定和改变自己的命运，那就是积极主动地去争取。我们的生活方式、生活习惯和人生态度决定了我们的生活质量。

微笑面对困境，强化自身意志

“我有一所房子，面朝大海，春暖花开。”虽然诗人海子并没有在暖意盎然的春季绽放自己，但他的这句诗却一直在大家心田开放着，释放出甜美的香气。微笑面对所有的困苦，自然会迎来春暖花开。

人的一生就仿佛是在不同季节才会盛开的花，它们经历着春夏秋冬的不同氛围。娇嫩的花只在春季才会开放，而到了严冬就禁受不住严酷环境的考验。微笑着面对困境，就是要在环境恶化的时候，还能够从容、淡定地静静绽放。只要能够坚持，只要永不放弃，就终究会迎来阳光的沐浴，开出更加鲜艳的花朵。

某珠宝公司因业务需要，打算招聘一名女性业务员。经过网上初审，共有三名候选者入围面试。第一位来面试的女孩是珠宝专业的高才生，对珠宝的方方面面都了如指掌，说得头头是道，面试官都满意地点头；第二位来面试的姑娘曾经做过销售工作，语言表达能力很强，她也给面试官留下了深刻印象；第三位候选人就有些平平无奇了，但她态度很亲切，也让面试官颇有好感。最后，他们不得不让三位姑娘都尝试先做半个月，谁的业绩好就可以留下。

半个月过后，第三位姑娘做的业绩最差，却被老板留下了。老板说："她在面对困难和挑战的时候，总不忘露出甜美自然的微笑，这种魅力是让人无法拒绝的。专业技术和口才可以通过学习和训练来提升，而热情豁达的处世态度却是很难后天习得的。她的微笑表明了她拥有着纯净的内心和优雅的人生观，这也是公司最高的识人标准。"

微笑真是一种迷人的魅力，它能够融化人内心的冰封，能够化干戈为玉帛，甚至有着扭转乾坤的作用。因为世界需要的就是微笑传达的爱与美，这也是人们从本质上就喜闻乐见的一种情态，符合人心灵的普遍价值取向。每个城市都有你爱的和爱你的人，无论如何都与我们同在，何不淡定、从容地微笑着过好每一天，让开心时时相伴左右呢？

在困境中，虞姬淡然生死的态度可谓是个千古典型。她并非只是霸王项羽背后的女人，她慧眼识英雄，一心陪伴他东征西战，是一位在爱情中敢于主动、敢于争取的女性。《史记》《资治通鉴》载，项羽奔往吴中与虞姬相识，虞姬是吴中虞氏美女，自古美人爱英雄，慕项羽英名，嫁与项羽为妻并陪伴左右。

据说，项羽在外征战，无论到哪里都要带着虞姬，足见两个人感情之深厚。虞姬同时还是一个自主掌握命运、十足血性的女子。被困后，自知已无退路，项王悲怆吟诗，虞姬知道深情义重的项羽断不能扔下自己独自逃生，更不会向刘邦投降。如果此时自行了断，项王再无牵挂，或者还能有生还并且东山再起的机会。垓下之围，血性、痴心、追随霸王一路的美人虞姬就这样在微笑中心甘情愿地香消玉殒了。

只有真正尝过痛苦的味道，才有可能深切体会幸福的甘美。有的人生来家境殷实，过着衣食无忧的生活，就不会了解穷人在啃窝窝头时的快乐。同样地，女人们经历了一些人世的坎坷与不堪，虽不是什么幸事，却也不失为一堂人生的教育课，可以让女人从中懂得什么是幸福。

小艺是个已经与癌症斗争了将近九年的女孩。在这期间，她每次来医院做理疗的时候都会微笑着半调侃地对护士说："富贵在天，生死有命，043号又来报到。"这种略带伤感的黑色幽默让谁听了都只能表面上强作笑容，心底黯然神伤。就连看惯病房里的生生死死的医生护士们也都为之动容，微笑着面对绝症的她确实已把生死抛在脑后。

小艺把自己的人生按照"天"的单位来安排，每日清早都是她的一次重生之时，都可以为之感恩。除了治疗的时间以外，她用各种兴趣爱好充实自己的生活，看书、作画、欣赏音乐，从不会出现闲着无聊的时候。她积极地开导父母和朋友不要过度难过，让他们尽早去做自己喜欢做的事，省得将来后悔。她坚持着把这种超然的精神姿态一直保持到生命的最后一天，即使疼痛难忍的时候，她也强作欢颜，是为了父母和亲朋的感受，更是为了她自己的心。

无论在什么境遇之下，女人都应该尝试着让自己笑起来，笑着面对任何不堪与委屈。当你这样做的时候，就像空谷回声一样，世界也会回报你同样的笑。反之，一脸愁容地面对生活，生活回馈的也仅仅是愁苦。因为人和世界、人和自然本就没有区分而是融为一体的，人的旅途就是在天人合一的意境下对生命的体验过程而已。

人生苦短，女人在其有限的生命过程里不妨放下所有的忧虑和愁苦，云淡风轻地面对生活，从容而淡然地走出困境。余生没有我们想象得悠久绵长，它中间填充着悲欢离合的各种情节。面由心生，只有拥有淡然的心态，才可能从心底绽放出笑容。而这些，都是以爱为基础的，女人心中充满了爱，自然会对世界充满笑意。

面对为难我们的人，由衷地说声“谢谢”

“苦难是成功途中的考验。懦弱的人必然会在苦难之下被淘汰，只有坚强的人才会走完自己认真想完成的路程。”为难我们的人就好像成功途中的那些考验，他们看起来让人很郁闷、很烦躁，但正是他们给的考验才让我们得到成长，让我们向着最终的目标又走近了一步。

不管为难我们的人的初衷是什么，好意提拔也好，恶意打压也罢，我们从中得到的经验和教训总是有价值的。人们总是认为那些对我们严苛的人是在故意找我们麻烦，会纳闷为什么他们就要跟自己过不去。可是随着年龄的增长，时间的推移，我们的经历证明了那些曾经为难我们的人实际上是推动了我们的成长。感性的女人尤其容易受表面上的严厉所影响，认为他们是在刻意为难自己，我们需要跳出这种思维，反过来向为难我们的人致谢。

小张大学毕业的时候进入了一家财务公司工作，她在学校里学习很认真，打下了扎实的基础。因此在工作上几乎不用费什么劲儿就把事情做得像模像样，再加上她一丝不苟的态度，所以工作中也从没有出什么问题。随着对流程越来越熟悉，小张的本职工作常常能在半天内就全部完成，她也乐得享受本日清闲，觉得这是对自己工作能力的自然回报。

但近来老板对她工作内容安排的多样化让她既有些无所适从，又感到很烦躁和郁闷。因为那些诸如接待客户、沟通联系和待人接物的工作都不是她喜欢和擅长的，做起来常常感觉尴尬和不顺手，她甚至觉得一定是自己哪些地方得罪了领导，他才反过来折磨自己。于是只坚持了半年小张就辞职换了工作。后来小张在面试、工作和交际的场合中越来越多地发现学习与人相处之道的重要性，那短短半年的“为难”实际上让她提升了不少，她在暗暗感激的同时也有些后悔当初那草率的离职决定。

我们在刚刚接触社会的时候会遇到形形色色的人，他们可能会对你表现出各种不同的态度，有的对你关怀备至、放任自流，有的对你严厉有加、毫不放松。我们往往会倾向于更喜欢前者而排斥后者。殊不知真正对我们好的人往往不会显露出慈眉善目，表面上的严格正是一种期待成长的好意盼望，我们切勿辜负了这些人生导师的好意，要多领情才好。

小满从未想到过在进入这家公司后自己的生活就全变了。之前她在学校里学习非常刻苦，喜欢集中精神专注地钻研问题，而到了这家工程项目公司，她之前熟悉的那种节奏就一去不复返了。她负责的是文控的工作，却需要和各个部门的各类人员都有联系，而这些都不是写在工作程序里的。

工程项目本身就是一个纷繁复杂的整合体，随着进度推进每日各类问题频出，可无论出了什么问题，好像都会牵扯到小满，这让她在疲于应付的同时也感到一丝愤懑。她觉得大家是见她好说话才将事情交给她，便憋了一肚子的委屈，甚至到项目经理那里去哭诉，而领导只是好言宽慰她，让她再坚持坚持就好了。就这么过了一年，小满慢慢地在接触和处理各类问题的过程中成长了起来，明显地感觉到了自己各方面能力的提升。回首当初，她为自己的不冷静暗暗难为情的同时，也从心里对“麻烦”过他的那些人说了声“谢谢”。

小满在工作中遇到了很多的“人生导师”，她可以说是非常幸运的，这让她有机会在磨砺的过程里快速提升自我。先不说那些“导师”的初衷是什么，有很多人可能只是为了完成事情本身，甚至是小满想象的那样在利用她的善良，可是那重要吗？只有真正作用自己身上所产生效果才能作为衡量利弊的标准，不管他们是否是好心好意，我们只要能从中获益，就等于取得了双方共赢的结果。而这些，也都是需要从容、淡定的心态作为支撑的。

姜悦读研已经来到了第三年，这两年多她跟着导师做科研、发论文、参加学术活动东奔西跑费尽了力气，心力交瘁的她想要赶紧结束学业，让自己好好睡上几个月才好。快到了毕业季，她紧赶慢赶地完成了毕业论文的三稿，忐忑地交给了导师审核。可是导师只翻了翻看了一会儿就退给了她，提了几个建议，让她回去修改后再提交。

这打击对姜悦来说可不小，虽然导师只是轻描淡写地提了几个建议，那可都是伤筋动骨地针对结构提出的。这都三稿了，还要彻底改，改下来至少又要几天几夜地熬夜了，这几年她总觉得导师处处跟她作对，总感觉这个老太太只对女生为难，对男生就网开一面。虽然这么想着，她还是坚持着把论文又改了一遍。最终的结果是，今年毕业因为受某些社会因素的影响而查得特别严，姜悦的组里只有她自己按期毕业了。

这些案例中的故事都说明了女人在一生会遇见很多贵人，对待他们要常常怀着感恩之心。不管这些为难我们的人是否真心对我们好，都从侧面效果上让我们自身得到了提升。你可能觉得别人在故意为难你，可是实际上又有谁愿意自己被人讨厌，自讨没趣呢？至少在现在愿意担着骂名直言不讳地说话的人已经越来越少了。

女人需要常常怀着风轻云淡的从容之心去面对任何人，不管他们对自己的态度是好是坏，说出的话是中听还是不中听，都不妨看淡一些。至少不要胡乱猜忌别人的用意，有时候我们想的和别人的真实意旨常常是正好相反的，那就荼毒了人家的好意，事后清楚原委后自己也会很不好意思。对于为难我们的人，向他们说声“谢谢”吧！

A CALM WOMAN IS THE MOST ELEGANT

第八章

坚持追逐梦想，从容面对挫折

每个人都有自己的梦想，没有梦想的人跟咸鱼无异。可是在追逐梦想的过程中，没有谁是可以一帆风顺的，甚至从未获得过成功。但人生就是享受沿途风景的过程，对女人来说，用从容豁达的心态走在通向梦想的路上就好，无论遇上什么挫折，淡定优雅的女人总能不急不躁、按部就班地去应对，因为她们知道结果并不重要。

后悔没有药方，切勿沉迷其中

有些人在面对抉择的时候容易患得患失、前思后想，其实这是一种趋利心让自我无法放下所导致的。而最终得到什么样的结果，这结果能否让自己满意，就不单单是结果本身价值所决定的了，它很大程度上依然受主体期望值的制约，不容易满足的心永远处在后悔的边缘。

女人是感性的生物，在遇到喜欢的人、喜欢的事时容易冲动地、不假思索地做出选择和行动，也经常在发现做出错误决定的时候追悔莫及。其实选择什么并不重要，重要的是自己怎样为了目标而努力，在前行的过程中所期许的东西是否和客观现实相符。应该后悔的只有自身的不努力，至于别人怎么样、世界怎么样，因为我们无法控制也就无所谓后悔与不后悔。

倩倩是一个离婚以后仍然留恋以往感情的姑娘，她在离婚后渐渐生发出后悔的心理，不想让自身放手。而她之所以离婚是因为忍受不了前夫带给她的深深伤害，她是在确实无法忍受的情况下才做出的离婚决定。倘若她能够清晰地记得那些刻骨铭心的伤痛，斩断情丝一了百了，那她肯定可以在今后的生活里慢慢地好起来。

但是，不久她就开始感觉到一种空虚、失落的状态，她无法割舍那份情感的记忆。她的脑海里萦绕着以往二人情感中美好的部分，还自说自话地问自己："当时是过于冲动了吧，要是再冷静一点儿是不是就过去了？不离婚总算还保留着寄托，就不会像现在这般落寞了吧？”这样的事情想多了以后，她就不由自主地增添了后悔的心。

这其实就是一种好了伤疤忘了疼的心理，也是一种选择困难症，觉得哪条路都有它有价值的地方而不忍割舍。就像一则寓言里写的那样，两个山坡上的小羊都觉得对方一面的草更嫩更茂盛。其实孰是孰非并不重要，清官难断家务事，只是这种摇摆不定的得失心反过来会让伤害加大。让本来能够随着时间流逝而随风飘散的不愉快长期萦绕在脑海里，让个体的精神也徒然承担着莫大的压力。

大多数女人都有一种所谓的习惯性后悔症，她们后悔自己当初的选择，后悔自己曾经犯下的过错，后悔这儿、后悔那儿，总是庸人自扰地用各种后悔困扰自身的生活。当女人对过去所做的事感到不满，当对曾经的某种想法感到懊恼，当因为言语或是行为伤害到了别人的时候，就开始后悔，并从此陷入自责和内疚中，让悔恨不停地在身边徘徊。这种情况下，女人要学会找方法，应尽量去弥补过错，而不是后悔过错。

一样在感情生活中受挫的大飞姐，当她知道倩倩的被动状态后，便对她进行开导：“人面对什么问题总是要进行选择的，在这个过程中没有完美的选项可以等着我们选。我能理解你对前夫还怀有一些割舍不掉的情感，可是他当初对你做出的那些暴行是无法被原谅的！事实上，你能够做出正确的选择，能够走出那最难走的第一步，说明当时做出这种决定是迫不得已的，你要相信自己的判断！”

听了大飞姐的话，倩倩才如梦初醒，她回想起最不堪忍受的那一刻，她被逼无奈做出离婚选择的那种绝望心情。相较那种伤害的程度，她们之间曾经的那点儿美好真是不值一提。倩倩十分感谢大飞姐将她骂醒了，否则她还不知道要陷在那毫无价值的心理状况中多久。大飞姐说：“咱们离过婚的女人就要自己给自己勇气，活出自己的风格来，路还很长，美好的风景还多的是！”

女人千万不要像倩倩那般活得那么纠结，做既然都做了，错既然也错了，就不要再拿别人的过错去给自己平添苦恼，后悔是没有任何意义的，女人还是要向前看。如果无谓地回忆昨天而痛苦前天，那结果只能是让女人失去今天。女人应该挺起胸、抬起头来展望明天，出发前做好充分的准备，只要你不后悔，挫折与失败照样也是一种美。

女人千万不要为过往的种种不堪而自责，也不要为未来的种种而忐忑不安，俗话说，不要为了一棵草而放弃了整片森林，更不要为了一朵枯萎的花而忽略了整个花园。人生没有后悔药可以买，更没有如果可以重来就如何如何，不要说违心的话和做违心的事，后悔的心理就会离你越来越远。

女人可以去反省自己的过失，但不要去后悔自己的过错，反思可以让你找出自己的不足，鼓舞你不断地前进，而后悔只会拖你的后腿，给你带来无尽的懊恼和烦躁。女人不要过于沉迷于往事，不要让你的人生处处充满了后悔的负面因素，因为后悔是比错误更大的错误，比损失更大的损失，后悔甚至可以说就是人生最大的失败。

很多时候，就算你辛苦努力了一生，最后的结果只有失败；就算你认真拼搏了一辈子，到头来还是一事无成。那其实都没什么，因为人生本来就不是为了什么目的而走下去的。只要你在人生迎来结局的那一刻，无愧于心地告诉自己：“这一生我不后悔！”那么你的人生就足够值得骄傲，足够为自己喝彩！

成功来自专注，从容排除干扰

“我们的大脑往往容易为一些不相关的小事纠缠，而导致精神无法集中或者注意力发生偏差。”心理学家认为身边的琐事容易影响人的专注力，让人无法将精力充分应用于人生的大事上面。而人的幸福感虽然和身边的琐事息息相关，但大部分还是取决于那些把整个生命串联起来的重要问题上，因小失大、避重就轻的结果肯定是不理想的。

专注与从容似乎是一对姐妹花，她们总是在同一个人身上相继出现。有了从容面对世间纷乱的态度，才能排除琐碎干扰，专注地投入真正有意义有价值的事情中；同样只有通过专注于人生中有意义有价值的事情，才能给自己奠定基础去从容淡定地面对生活。当然这里的意义和价值更多的是指精神与灵魂的塑造和提升，而非单单指经济基础。

谈到关于专注的认识，就不得不让人想起一位美国教授，他在课堂上用身边的小事物为同学们做了一次生动的演示。他首先在桌子上放了一个塑料瓶子，把一些高尔夫球扔到里面，直到装满瓶子为止。他问同学们：“瓶子满了吗？”同学们回答满了。他又把一些碎石倒入瓶子，碎石慢慢滑入高尔夫球的缝隙中，他又问：“现在满了吗？”同学们又回答满了。接着他又将一些沙子倒入瓶中，它们又填满了碎石之间的缝隙。

老师讲道：“这个装满了的瓶子就代表大家的人生：高尔夫球代表人生中最为重要的事情，包括家人、朋友、健康和热情等；而碎石则代表着次要的事情，比如事业和钱等；而沙子则代表了更多微不足道的小事。而做这些事情的次序就如同倒入瓶子的顺序一样，如果先倒入沙子和碎石，就没有空间放高尔夫球了。”

他想表达的是：人生只有一次，人活在浩渺的宇宙中就如同沧海一粟般转瞬即逝，时间总是有限的。但人有能力在有限的时间里完成许多重要的事情，前提是必须合理而有智慧地利用时间，如果把时间浪费在琐事上，就很难再专注于真正重要的人和事上。因此需要我们专注于那些最有价值的事，适当放弃一些虽然看起来也很重要，却不是必须要做的事情。

这位老师非常形象地用瓶子和填充物来比喻人生所能够做的事情和它们之间的此消彼长的关系。人生确实非常短暂，人的精力更不是取之不尽用之不竭的，你分出时间来进行一件事情，就很难再关注其他人和事。而成功，不管是哪方面的成功，事业的成功、家庭的成功还是个人价值的成功，都需要专注地把身心投入其中才有可能成功。

弗林特曾担任巴菲特的私人飞机师达8年的时间，他还曾经为美国总统驾驶过飞机。但是弗林特并不满足于当前所取得的成就，他还想继续在事业有更多追求。有一回，弗林特向巴菲特请教关于职业生涯的发展规划的时候，巴菲特告诉了他一个简单的小办法。他让弗林特先把自己认为一生需要去做的25个目标写下来。

弗林特在谨慎地思考后将自己脑海中的目标与对象写了出来，巴菲特接着又让他从这些目标里找出5个最为重要和最有价值的项目来。于是弗林特又通过细细考虑后最终选定了5个最为想要实现的目标。巴菲特说："你现在明白该怎么做了吗？"弗林特说："明白了，我先去做最重要的5件事，然后再做其他20件事。"巴菲特听了笑着说："错误。你除了要专注于那5件最重要的事情以外，还必须尽力避免做其他20件事，就像躲避瘟疫一样，不花费任何多余的时间精力在它们上面！"

巴菲特也给我们上了一堂心理辅导课，他所强调的一点，说白了就是俗话讲的贪多嚼不烂。人的兴趣和爱好通常都是广泛的，想要体验的事情也是名目繁多，可是贪心一般换不来好的结果，多向并重实际上就是都不重视。一心二用的结果不外乎就是都做不好，浪费了时间精力不说，还把自己弄得心力交瘁，最终竹篮打水——一场空。

演员孙俪在不拍戏的日子里喜欢在上海的家中享受兴趣生活带来的快乐。她喜欢9点半睡5点醒，在家里点一炷檀香，静静地看书，手写楷书佛经。下午便和老公一起接孩子、买菜做饭，过着跟普通人没什么两样的生活。这其实并不容易，因为绝大部分忙于工作的人都很难平衡好事业和家庭，闲暇时间都很难有，更别说有云淡风轻享受慢生活的心情了。

但平时的工作虽忙，作为两个孩子妈妈的孙俪却能合理地安排好家庭和孩子的日常，把工作和生活计划得井井有条。连她的书法老师也由衷夸赞："孙俪只用了三个月时间就能把字练得刚劲雄厚、灵动朴茂，确实她的天资聪颖。"其实孙俪自己心里很清楚：她的天资主要得益于"专注"二字。她说她能把自己的心沉到很深的境地，所有就会有足够的心境去写字、画画儿、养花养草、逛书店等。做自己喜欢和感兴趣的事情是需要有一颗专注的灵魂的。

女人首先需要有从容的心态才能让心灵屏蔽外界五彩缤纷的诱惑与干扰，不为那些充满诱惑力的事情所动，专注地去做自己真正喜欢的事，去和真正喜欢的人一起。这就需要女人沉下心来聆听自己真正的心灵之声，了解自己真正需要的是什么。而成功达成人生目标，就是要虔诚而专注地把精神集中到对自己最有意义和最有价值的几个目标上来，不受那些琐碎的诱惑的影响，这才能在人生的寻梦之路上走得更远、欣赏更美好的风景。

勇于面对短板，劣势变为优势

"人的天性就是这样的不完美！即使是最明亮的行星也有一些黑斑。"世界不存在没有缺点的人，再完美的人也或多或少都会有一些不足，有的人性格内向、不善表达；有的人快人快语、不懂矜持；有的人谨小慎微，患得患失；有的人雷厉风行，过于强势。这还只是性格上的缺陷，而那些涉及外形、能力以及各种外部因素的缺陷就更多了。

忠言逆耳，人们总是不喜欢听那些指出自身不足的话，就更别提面对不足和改进不足了。所以想要克服自身缺点的第一步就是认识和接受自己的不足，而大部分人难以做到这点的原因就是，他们习惯了自身当前的样子，觉得无甚问题、无从可改。更多的人甚至就拿“人无完人”这句话来作为自己不思进取的理由，让人啼笑皆非。优雅的女人总是能够平心静气地接受别人的批评和指点，并客观地对其进行分析和采纳。

曼丽刚从学校毕业的时候腼腆内向，她学的专业是汉语言文学，文笔特别好。在单位的董事长助理岗位上充分发挥着她的能力和特长，写东西又快又好，但是领导在对她赞许的同时也对她的口头表达能力颇有微词，声音小不说还常常前言不搭后语。领导明白这主要是因为她心理素质的问题作祟，便找了个机会想要锻炼一下她在人前的自信心，让她在会议上把自己的工作内容进行陈述，而且是要脱稿的那种。

这可把曼丽难为死了，在听到这个消息以后，她便一天到晚地生活在焦虑之中，甚至晚上都睡不着觉。终于挨到开会的那一天，曼丽恨不得赶紧来场地震就不用上台了。发言过程中，曼丽紧张得全身都是汗，那是她第一次面对那么多不认识的人进行演讲。结束了以后，她觉得自己仿佛都不是自己了，宛如隔世的感觉，但是也确实感觉轻松了好多。之后领导又刻意地锻炼她，让她逐步地走出了内向性格的束缚，甚至有了一些讲演心得，让短板突变为自身优势了。曼丽对老板的态度也从心头“恨”转为了由衷的“爱”。

克服自身缺陷不是那么容易的事，要不就不会一直是自身滞留的短板了。尤其对女生来说，需要非常大的毅力和勇气去面对和征服它们，这是一个战胜自己的过程。首先要否定自己，再突破自己的习惯定式，不得不说克服缺点比习得一门新的手艺难度更大。这个过程需要的不光是努力，还有淡然否定自我的平和心态。

勇于挑战缺点的人就是要把对自己缺陷的克服看成是提升和完善自己的绝好机会，并带着乐观甚至愉悦的心理去躬行之。这样的人不仅容易接受自身具有某种缺点的事实，而且在改进过程中也同样会动力十足，因为这是由一种非常积极主动的态度来驱使着的。它需要人的对梦想的坚持，以及从容面对挫折的心态。

女人积极地面对自身不足而寻求提升的例子在《红楼梦》里也能够找到。香菱学诗是大家熟知的情节，她虽然是个丫头，但真实身份算来也是姑娘、小姐层次，可她却丝毫不懂诗。在刚开始学诗的时候也闹出了不少笑话，但她自始至终没有放弃，从不把自己这个短板藏着掖着，而是勇于挑战自身缺陷，最后也小有所成。

香菱听了，喜的拿回诗来，又苦思一回作两句诗，又舍不得杜诗，又读两首。如此茶饭无心，坐卧不定。宝钗道："何苦自寻烦恼。都是颦儿引的你，我和她算账去。你本来呆头呆脑的，再添上这个，越发弄成个呆子了。"香菱笑道："好姑娘，别混我。"一面说，一面作了一首……

香菱听了，默默地回来，越性连房也不入，只在池边树下，或坐在山石上出神，或蹲在地下抠土，来往的人都诧异。李纨，宝钗，探春，宝玉等听得此信，都远远地站在山坡上瞧看她。只见她皱一会儿眉，又自己含笑一会儿。宝钗笑道："这个人定要疯了！昨夜嘟嘟哝哝直闹到五更天才睡下，没一顿饭的工夫天就亮了。我就听见她起来了，忙忙碌碌梳了头就找颦儿去。一回来了，待了一日，作了一首又不好，这会子自然另作呢。”宝玉笑道：“这正是地灵人杰，老天生人再不虚赋情性的。我们成日叹说可惜她这么个人竟俗了，谁知到底有今日。可见天地至公。”宝钗笑道：“你能够像她这苦心就好了，学什么有个不成的。”

——曹雪芹《红楼梦》

柴静曾经问朋友：“我怎么老没办法改变我的弱点呢？”朋友回答：“如果那么容易的话，还要那么漫长的人生干什么呢？”在面对自身缺点的时候，不要太快地放弃努力，因为你在没有尝试之前并不知道自己是否可以，一切太快做出的答案都是不负责任的。相信自己有能力战胜自己是改进缺陷的重要一点，只要确定了必胜的信心，就可以到达成功的彼岸。

成长的道路是艰难而漫长的，女人想要得到提升，看到更多更美好的风景，就得对自己狠一点儿，不能在温柔乡里原地踏步。就要拿出和自身缺点战斗到底的坚定信念，把它们当成你阻碍你享受高质量生命的拦路虎，这样就自然会燃起内心的动力。逆水行舟，不进则退，女人虽然不用刻意在社会上争权夺利、争风吃醋，但为了自己的心，就奋斗一次吧。

人生不是“咸鱼”，坚持成就梦想

周星驰某部电影里有句经典台词这样说：“人如果没有了梦想，跟咸鱼有什么区别？”咸鱼是一种干瘪而僵硬的东西，看不到一丝的生机和活力。每当想到这句话，那些在追逐梦想途中因为疲惫不堪而有意放弃的小伙伴们是不是又不甘心咸鱼的命运，继续奋起前进了呢？宁可在路上气喘吁吁、疲于奔命，也别去做安枕无忧、死气沉沉的咸鱼。

爱幻想的女人都曾经有过很多宏伟的梦想，人生一世，草木一秋，既然来了这一趟就想在这个世界上尽量多留一点儿自己存在的痕迹。然而人生这场大戏是主角、配角和群演一个都不能少的大舞台，各领一时风骚，你方唱罢我登场，女人们建立的梦想也和她们所处的人生阶段紧密相关。

女人是恋家的，她们甘愿在孩子的幼年陪伴在孩子左右，这时的梦想就是唯愿他们健康快乐成长，家人和睦平安顺遂。待到孩子们成年后，再用自己的脚去丈量世界并树立更高远的梦想。有的把环游世界作为自己的梦想，有的把将自己的兴趣爱好发展到事业的高度的梦想。总之她们的梦想最终还是和家庭密切联系，做自己的同时也绝不脱离家庭的港湾。

菲儿这几天在朋友圈发了一条状态："最近真的好累，累到真的想放弃了，后悔了。"朋友们纷纷对此留言并表示关怀的同时，也惊诧于她态度的转变。因为菲儿本是一个特别有能力、非常坚强，也特别有冲劲的女人。前几年她就梦想自己开办公司，吃饭时她跟朋友描绘自己的梦想时双眸都闪闪发光。踏实肯干的她在摸爬滚打中积累了很多管理方法，加上她一直负责客户开发也积累了不少的人脉，眼看离梦想越来越近。可后来老公生病需要照顾，她只好辞掉了辛苦打拼来的高管职位而回归了家庭。然而她的爱追梦的性格势必让她无法安稳地待在家中相夫教子。等丈夫手术成功病情稳定下来的，她便跟老公沟通，然后又走上了创业之路。可是一个公司的运营远非之前想象的那么简单，脱离了前公司的好平台，没有了庇护，她所遇到的问题五花八门、数不胜数。更何况还得为对老公的身体状况和孩子的教育成长牵肠挂肚，各种事情弄得她心力交瘁、难以支撑。

现在这个社会过于现实，对女人的要求也屡屡创下历史新高。不工作靠男人养的时代已经过去了，那终究也不是长久之计。虽然家庭主妇未尝不是一个令人尊敬的职业，她们兼具了保姆、厨师、保洁和家教多种职能，可全职妈妈的价值在社会上并不被认可。因此女人一定要在工作的同时还必须要兼顾到家庭，不然工作表现再出色、工资再高，家庭生活也难以和谐。

女人身上的负担确实沉重，她们担负着最重要的教育孩子重任，在结婚成家以后基本上就是为了家庭、为了孩子而活。别说什么追求自身人生梦想，就连自己一个人出去逛街购物、享受兴趣时光都俨然成了奢望。除非女人足够自私，能一直把自己放在最优先的位置，可是大部分的女人都不会如此，宁可累着自己，也不放弃家庭和梦想。

英国著名作家简·奥斯汀是一位个性独立的姑娘，她对自己的梦想设定有着非常独特的定位。她对生命价值也有着自己的独到看法，认为人生就是为了追寻自己心灵的前进方向，甚至为了梦想不惜放弃成立家庭的权利。她虽然相信爱情和婚姻，但从不愿为了完成那种形式而放弃自己的理想。

她青年时代的一场刻骨铭心的恋爱因为对方家人贪图富贵而遗

恨终生，这也给她的心理留下了阴影。在她最后一次收到一位年轻而富有的男士的求婚时，由于过往的打击导致她对婚姻的排斥感，又让她做出了悔婚的决定，以此保全她对纯真爱情的虔诚向往。她依旧不断追寻着对艺术创造的坚定理想，终身未嫁，直到最后因病死在了姐姐的怀里。

一个有梦想的女人，是值得被尊重的人；一个有梦想的女人，眼里有光、嘴角有笑、心中有爱！无论这梦想是关乎家庭还是只关乎自己，都是女人心灵的真实所向。女人也不应生来就被禁锢在家庭的藩篱下，她们有找寻自己独特梦想的权利，她们同样也有着不输于男人的才情和能力去实现那些梦想。

伊朗女孩格什菲·法拉哈尼为了梦想甚至放弃了家庭和国家的庇护，走上特立独行的不归路。她出身艺术世家，幼年就开始学习音乐，从小就树立了与众不同的世界观。长大后年纪轻轻都获得了国际电影大奖，在追求梦想的路上她抢先了一步。可是，天不遂人愿，她的祖国宗教戒律森严，严重限制了她的演艺事业的发展。

而偏偏格什菲的性格里就那么一股离经叛道的特质，结果在她出演了一部让国家封建伦理不能接受的电影以后，就被限制出境了。可是外界的打压并不能阻止她对梦想的追逐，后来在同法国一家杂志社合作拍摄出格的照片时让她甚至无法回国，无法与家人见面，婚姻也走到了尽头。但这些都没能阻挡格什菲的前进之路，她仍在向着自己心中的那个梦想不断前进着，她的路永远在前方。

当时间过去了很久，我们实现了那些闪着光的梦想了吗？我们有没有再回忆过，自己曾经的梦想是什么？为什么我们的梦想已不在，我们的梦想已不发光？也许这一路走来，很多人已经渐渐地迷失了自己！长大之后，似乎活在当下已成了对待梦想的唯一劝解。

女人的幸福都是奋斗出来的，无论身处何方，每个人都在竭尽所能地往前奔跑，为了温暖的希冀，为了憧憬的明天，为了心中的梦想。女人虽然柔弱，但向着梦想奔跑的心是强大的，人生不是“咸鱼”，坚持成就梦想！

挫折贯穿人生，成功必经挫折

“给孩子多多提供尝试机会也是实施挫折教育的有机组成部分。孩子一旦被剥夺了尝试的机会，也就等于被剥夺了犯错误和改正错误的机会，因此也不可能迈向成功之路。”这是德国著名教育家舒马赫关于儿童成长的名言，今思起故有哲理，它同样对成年人的人生发展有所启示。

没有谁的人生是一帆风顺的，有的大起大落，有的出师不利，有的则后发制人，呈现出比股市曲线还不规则的任性的抛物线。人生的无法预知性和无法掌控性让人们常常会遭受挫折的打击，但也同时为人的全面发展提供了无限丰富多彩的可能性。这就考验到我们的小心脏，是否能够承受变幻无常的命运安排。而从容优雅的女人似乎不容易受到变故的影响，她们可以淡定地面对挫折，在失败的尝试后迅速恢复士气并投入下一场战斗。

小贺这一年在朋友圈失踪了，电话也打不通，好像突然人间蒸发了一样。小贺本是一个聪明活泼的女孩，从学校毕业以后从事目前流行的新媒体工作。她思维敏捷、工作积极，很快就在岗位上做出了一番成绩，还有了一个事业有成的老公，不久还怀上了小宝宝，一切都好像朝着完美的方向发展。

可是天不遂人愿，人总会在顺风顺水的时候遭遇一些打击，小贺在一次产检时发现胎儿有先天缺陷。她又跑了很多医院去做复查，都得到是一样的结果。她老公的家人坚决要求把孩子打掉，因为她老公是家里的独子。可作为胎儿的母亲，她有一种保护孩子的本能，那每天和她一起生息的鲜活生命让她无法狠心下决定。于是她的丈夫也因此和她产生了矛盾和争执，小贺原本就已经因为胎儿的问题精神濒临崩溃，又被逼着最终打掉了孩子，命运的打击和家人的反目都令她伤心欲绝。

小贺在做完堕胎手术后整个儿像变了一个人，表现出有些抑郁的症状，甚至做出过尝试自杀的极端行为。最终她的父母赶来把小贺接回老家照看，直到现在还是音信全无，只希望她能够早点儿走出挫折的阴影。人生路布满坎坷，没有谁能一帆风顺，女人一定要在风雨袭来时相信坚持过去就是阳光。

女人的一生总会遇到各种各样的挫折，尽管每个人遇到的挫折可能有所不同，但在挫折中奋起，把挫折当成经验的财富，当作让自我得到提升的因素，这种顽强理念却是相通的。对于坚强的女人而言，挫折成了她们通往幸福之路上的一堂有价值的课，因为她们坚守的信条始终是“从绝望的大山上砍下一块希望的石头”。挫折也许是不可预期、不可回避的，但面对挫折的坚定态度却是可以培养和建立的。

小赵毕业后留在北京工作，找了一个老公也是工薪族，二人合力贷款在郊区买了房子，不久也怀上了孩子，小日子过得也算是甜蜜幸福。可是人生的打击总是喜欢无声无息地悄悄来临，孩子出生了才发现宝宝的右手有畸形，这对处于幸福气息环绕中的小夫妇来说无疑是一道晴天霹雳，他们看着孩子那残缺的小手而止不住的流泪。

为了给孩子做手术，尽最大可能弥补孩子的残疾，他们变卖了还未还清贷款的房子，花了几十万来给孩子做外植手术，但这还不算完，后期还需要大量的钱来进一步进行美化手术。虽然由此让家庭承担了一定的经济危机，但这并没有打倒小赵和她老公对孩子和家庭的执着的爱。他们辞掉了原本安逸但收入不高的工作，拼命地做生意赚钱，争取尽快为孩子凑齐手术费。

面对人生的困境，她从容、淡定地应对和处理，把生活强加给她的不堪照单全收，努力用自己的力量与命运搏斗。女人无论处于什么样的境遇，一路坚持着走下去就有希望，风雨过后是彩虹，她们一定能克服种种困难，迎来幸福人生。

女人在生活中总会遇到这样或那样的烦恼和伤心事，关键就看我们怎么去面对。每个人在处理家庭和工作问题时，都好比在耕耘着属于自己的一块土地，需要你付出很多汗水和精力。如果有一天，你发现自己耕耘的土地上有许多石头和杂草阻挡着前进的路，在面临放弃和选择时，就需要好好想想：为什么人们会说阳光总在风雨后，把那些挡路的阻碍除掉确实需要费功夫，但将来的收获也是丰富而有价值的。

现在我已经结婚10年了。我知道同我在世界上最爱的人一起生活、并且完全为他生活是怎么回事。我认为自己极其幸福——幸福到言语都无法形容；因为我完全是我丈夫的生命，正如他完全是我的生命一样。没有一个女人比我更加同丈夫亲近，更加彻底地成为他的骨中骨，肉中肉。我跟我的爱德华在一起，从来不感到厌烦；他跟我在一起也从来不感到厌烦，就像我们各人对于各自胸膛里心脏的跳动不会感到厌烦一样；因此，我们总是守在一起。对我们来说，守在一起既像孤独时一样自由自在，又像和同伴在一起时一样欢乐愉快。我相信，我们是整天谈着话。互相交谈只不过是一种比较活跃的、一种可以听见的思考罢了。我全部的信任都寄托在他身上，他全部的信任也都献给了我；我们性格正好相合——结果就是完美的和谐。

——夏洛蒂·勃朗特《简·爱》

在这个世界里，穷人有穷人的苦闷，富人也有富人的烦恼，家家有本难念的经。如果不能把自己的心态摆正，在面临挫折打击时就容易一蹶不振，让痛苦成为永恒。女人在面对变故的伤心之余，要冷静地想一想生活的本质，它本身就是那样纷繁复杂、多变易变的，有阴雨连绵也会有晴空万里，再怎么烦恼也会有甜美的快乐。

人生这门课就看女人们怎么去对待，在困难面前或受到打击，一定乐观面对。同时心中要暗暗地给自己鼓劲儿：这些都没什么，一切终究都会过去的。要成功，要最终得到幸福，就必先经历挫折的洗礼，无论挫折是大是小，女人们都要一方面坚定意志，一方面用从容的心态去面对它，在什么情况下都不要忘了：请做一个淡定、优雅的女人。